大探秘之旅
DATANMI ZHILÜ

走遍美国大峡谷
ZOUBIAN MEIGUO DAXIAGU

知识达人◎编著

成都地图出版社

图书在版编目（CIP）数据

走遍美国大峡谷 / 知识达人编著 . —成都 : 成都
地图出版社 , 2017.1（2021.8 重印）
（大探秘之旅）
ISBN 978-7-5557-0463-8

Ⅰ . ①走… Ⅱ . ①知… Ⅲ . ①峡谷－自然地理－美
国
－普及读物 Ⅳ . ① P931.2-49

中国版本图书馆 CIP 核字 (2016) 第 210494 号

大探秘之旅——走遍美国大峡谷

责任编辑：	马红文
封面设计：	纸上魔方

出版发行：	成都地图出版社
地　　址：	成都市龙泉驿区建设路 2 号
邮政编码：	610100
电　　话：	028－84884826（营销部）
传　　真：	028－84884820

印　　刷：	固安县云鼎印刷有限公司

（如发现印装质量问题，影响阅读，请与印刷厂商联系调换）

开　　本：	710mm×1000mm　1/16			
印　　张：	8	字　数：	160 千字	
版　　次：	2017 年 1 月第 1 版	印　次：	2021 年 8 月第 4 次印刷	
书　　号：	ISBN 978-7-5557-0463-8			
定　　价：	38.00 元			

主人翁简介

卡尔大叔：华裔美国人，幽默风趣、富有超人智慧，喜欢旅游，考察世界各地的人文、地理、动植物。

尤丝小姐：华裔美国人，卡尔大叔的助理，细心、文雅。

史小龙：聪明、顽皮、思维敏捷，总是会有些奇思异想，喜欢旅游。

主人翁简介

帅帅：喜欢旅行的小男孩，对探索未知充满了兴趣。

秀芬：乖巧、天真，偶尔耍耍小性子的女孩，很喜欢提问题。

目录

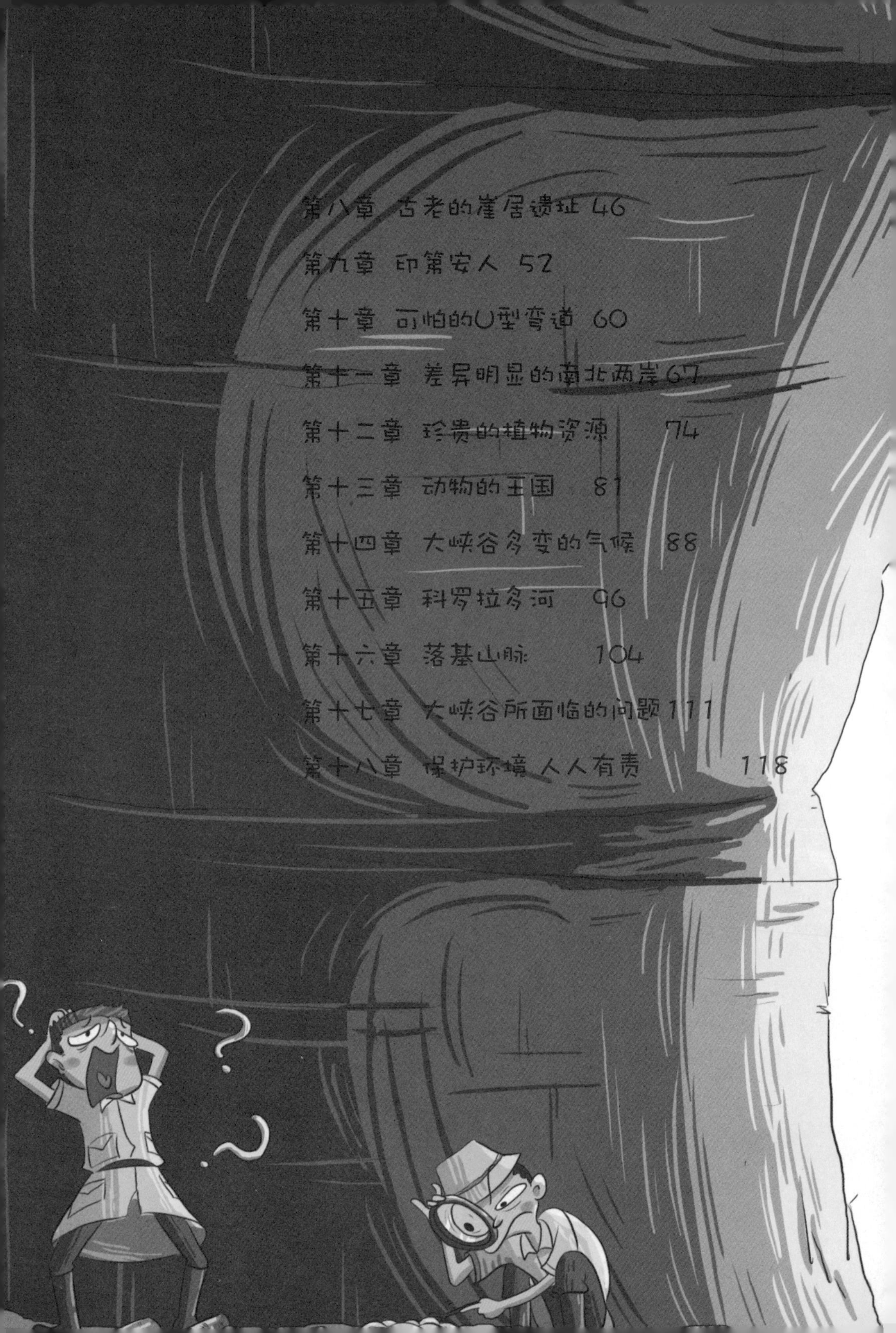

"秀芬，这世界上有一条河的河水是红色的，你相信吗？"史小龙一脸兴奋地问秀芬。

"红色的河水？小龙，你最近是不是玩太多电脑游戏把眼睛玩坏了，怎么胡言乱语呢？"秀芬调皮地打趣。

秀芬略带讽刺的话让史小龙有点生气，同时他又觉得有点不好意思，因为他最近的确迷上了电脑游戏。

"秀芬，我没有骗你，这世界上真有一条河的河水是红色的。"史小龙急忙解释。

在一旁看书的帅帅被他们的争吵声吸引了过来，说："秀芬，这次你可真是错怪小龙了，我可以帮他证明，在美国的确有一条河的河水是红色的。"

秀芬好奇地问："河水本身都是透明的，除非水中夹带了杂质和泥沙，河水才会呈现绿色或黄色。可是怎么会有红色的河水呢？"

"你要是还不相信，我们就和你一起去问问卡尔大叔吧。"史小龙自信满满地拍着胸脯说。

说完，三个人就向卡尔大叔的实验室

走去。

　　"卡尔大叔，小龙说在美国有一条河的河水是红色的，这是真的吗？"一见到卡尔大叔，秀芬就迫不及待地问。

　　卡尔大叔听完，笑眯眯地回答："哈哈，你们难道就是为了这个问题来找我的？小龙说得没错，这是真的。"

　　还没等卡尔大叔继续说下去，帅帅就脱口而出："秀芬，这条河就是位于科罗拉多州落基山的科罗拉多河。河水从美国大峡谷之中穿过，为大峡谷带去了生命，所以美国大峡谷又叫作科罗拉多大峡谷。在西班牙语中，'科罗拉多'的意思就是'红色'。"

"帅帅说得没错。不过，科罗拉多河的河水本身并不是红色的，只是奔流不息的河水中卷入了大量红色的泥沙，常年看上去是红色的，这条河才因此得名'红色河'。

除了罕见的红河，美国大峡谷还有许多其他迷人的自然风光，被列为世界自然奇观。1919 年，美国国会决定，将大峡谷中最宏伟、最有特色的一段划分出来，建立成大峡谷国家公园。现在，大峡谷国家公园已经被联合国教科文组织列为世界自然遗产之一。

"美国大峡谷处于美国亚利桑那州的西北部，科罗拉多高原的西南部。大峡谷全长约 446 千米，总面积约 2724 平方千米。大峡谷的平均谷深为 1600 米，最深处 1740 米深。大峡谷迂回曲折，北高南低，所以形状也极不规则。它大体上是东西走向，峡谷上宽下窄，谷顶宽度约为 6000 米至 30000 米，而谷底最窄的地方只有 120 米宽，所以从上到下呈现很明显的"V"字形。

" 经过千百年来河水不断冲刷，大峡谷内的山林形态奇特，各有不同，有的地方像锥子一样尖利，有的地方像馒头一样圆

纯，有的地方则到处怪石林立。自下而上，峡谷岩壁的每一层都展现了岩石从远古时期到近代的演变，不同时代的化石完整地镶嵌在岩壁里，就像活的地理百科书一样。

你们必须要亲自去美国大峡谷看一看，才能领略到它的奇特之处。干脆我就带你们去身临其境地体会一下大自然的神奇魔力吧，相信你们一定会有所收获的。"卡尔大叔笑着说。

"真是太棒了！"史小龙高兴地跳起来喊，"卡尔大叔，我们爱死你了。"不只是小龙，就连秀芬和帅帅也高兴得手舞足蹈。

"那你们准备一下，我们明天就出发。"想到要去进行实地考察，卡尔大叔也不免有些兴奋。毕竟，美国大峡谷的神奇美景是人人都很向往的。

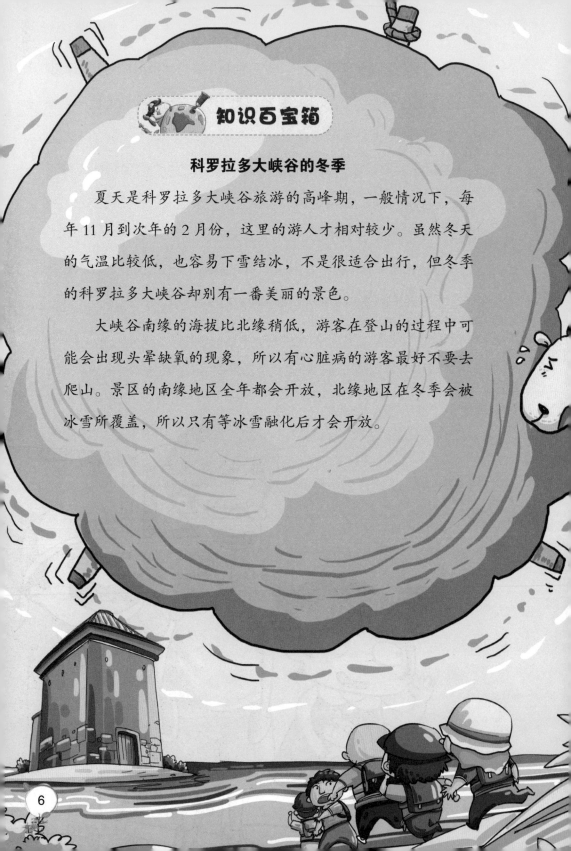

知识百宝箱

科罗拉多大峡谷的冬季

夏天是科罗拉多大峡谷旅游的高峰期，一般情况下，每年11月到次年的2月份，这里的游人才相对较少。虽然冬天的气温比较低，也容易下雪结冰，不是很适合出行，但冬季的科罗拉多大峡谷却别有一番美丽的景色。

大峡谷南缘的海拔比北缘稍低，游客在登山的过程中可能会出现头晕缺氧的现象，所以有心脏病的游客最好不要去爬山。景区的南缘地区全年都会开放，北缘地区在冬季会被冰雪所覆盖，所以只有等冰雪融化后才会开放。

初到美国大峡谷，一行人就被眼前的景色深深地吸引住了。

"这里真是太漂亮了。"秀芬情不自禁地说。

"是啊，你们看，这谷底好深啊，从上面往下一眼都看不见底。"史小龙也不由自主地感叹。

尤丝小姐突然对大家说："你们知道吗？其实美国大峡谷还有一个称号，叫作'峡谷之王'。"

"'峡谷之王'？这个名字听上去好威猛啊。老虎是山林中的霸王，所以叫作森林之王，美国大峡谷既然有这个称号，那一定是全世界所有峡谷中的佼佼者了？"帅帅询问着。

尤丝小姐望了一眼漫无尽头的峡谷，回答道："不错，奔腾的科罗拉多河一路流经许多地方，河水的冲击力特别强，将许多座山冲击开来，黑峡谷、格伦峡谷、布鲁斯峡谷等19个峡谷就这样形成的。其中，举世闻名的科罗拉多大峡谷是最具特色的，它带给人们的巨大震撼也是其他峡谷无法媲美的，所以它拥有'峡谷之王'这个称号绝对当之无愧。"

"哦，原来是这样，可是岩石那么坚硬，河水的力量真的能击碎坚硬的石头吗？"秀芬还是十分不解。史小龙回答说："这有什么不可以的？'水滴石穿'这个成语你难道没有听说过吗？"

　　"说得也对哦。"秀芬觉得史小龙的话有一定道理。

　　"我们还是问问卡尔大叔吧，他肯定知道河水到底有没有那么大力。"帅帅的一句话让秀芬和史小龙停止争论，一起围坐到了卡尔大叔身边。

　　卡尔大叔坐在一块大石头上，慈祥地对几个孩子说："美国大峡谷的形成过程十分曲折，最早是从远古时代开始的。峡谷最底端那些岩石的历史最悠久，也最古老，是由沉积物形成的。这些古老的岩石形成了三亿年之后，被一股十分强大的地质力量抬了起来，连绵不绝的山脉就这样慢慢地形成了。又过了几百万年，随着时间的推移，山脉的顶端在风雨的侵蚀下慢慢变平了，于是这些山脉又渐渐变成了平

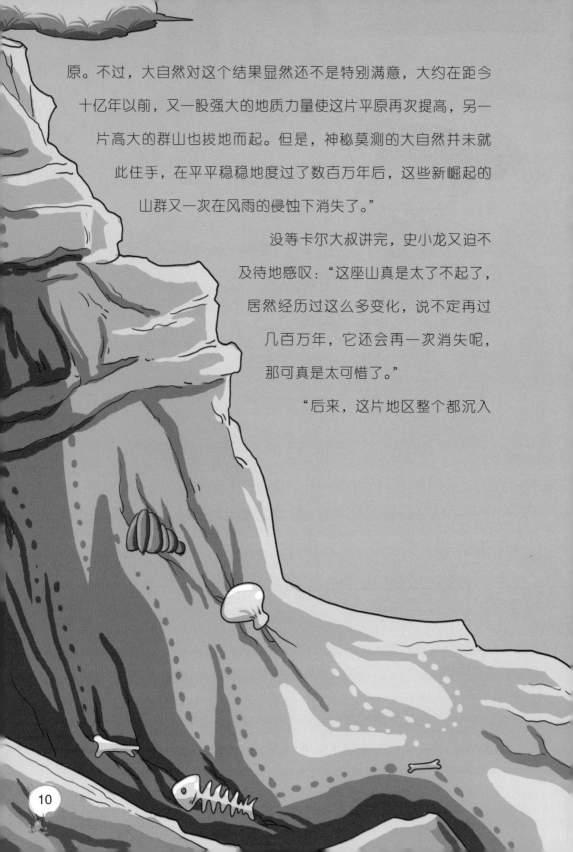

原。不过，大自然对这个结果显然还不是特别满意，大约在距今十亿年以前，又一股强大的地质力量使这片平原再次提高，另一片高大的群山也拔地而起。但是，神秘莫测的大自然并未就此住手，在平平稳稳地度过了数百万年后，这些新崛起的山群又一次在风雨的侵蚀下消失了。"

没等卡尔大叔讲完，史小龙又迫不及待地感叹："这座山真是太了不起了，居然经历过这么多变化，说不定再过几百万年，它还会再一次消失呢，那可真是太可惜了。"

"后来，这片地区整个都沉入

了内海，而原本生活在海底的贝壳、珊瑚、泥螺等贝类动物则随着时间的推移变成了化石，深深地镶嵌在岩石里，逐渐硬化成了页岩。又经过了无数个日夜的风吹雨打，这里便形成了今天的高原。原先的海底变成了高高的山顶，而那些远古时期的岩石则连同那些已经镶嵌于其中的化石被深深地埋在了山下。直到 600 万年前，科罗拉多河才慢慢地渗透出了地表，河水不停地冲刷了几千年，终于造就了今天的美国大峡谷。"卡尔大叔继续说。

"这一切真是太不容易了，没想到美国大峡谷竟然是一本活的地质教科书。"秀芬听完了卡尔大叔的讲解后，发出了感叹。

卡尔大叔接着说："你们现在看到的仅仅是美国大峡谷的一角，后面还有许多更美丽的景色正等着我们去欣赏呢。"

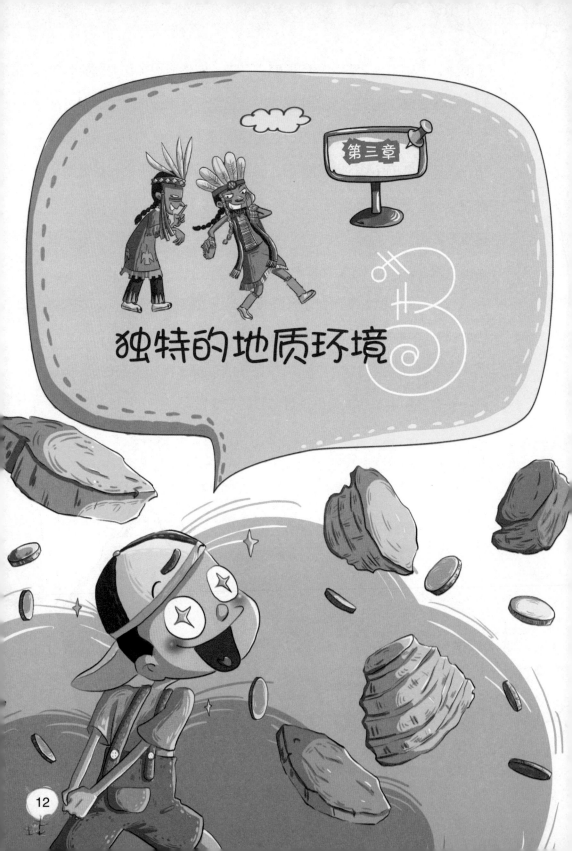

"关于科罗拉多大峡谷这个名字，还有一个传说，你们有谁知道吗？"尤丝小姐问。三个孩子都摇了摇头。

"大概在16世纪左右，有一个名叫科罗拉多的人，他盲目地相信传说中的七大黄金城是真实存在的，一心想要发财，于是下定决心就算付出生命的代价，也要把七大黄金城找出来。没有人知道，他最终是否找到了这笔传说中的巨大财富，人们只知道，他在寻找黄金城的途中，意外地发现了一个神奇而美丽的地方，而那个地方就是现在的美国大峡谷，科罗拉多大峡谷这个名字也出此而来。不过，到目前为止，谁也不能证明这个传说是否真实，所以即使过了这么多年，它也仅仅只是一个传说，但是这也为美国大峡谷增添了一抹神奇的色彩。"

听了这个关于美国大峡谷的神秘传说，史小龙竟然幻想有一天自己也能在不经意间，找到那些传说中的巨额财富。卡尔大叔拍了拍他的小脑袋，才将他从美好的幻想中拉回了现实。

"小家伙，不要再胡思乱想了，赶快享受大自然的美景吧，这些美景就是大自然赐予我们人类最大的财富，你说是不是？"史小龙调

皮地伸了伸舌头，又点了点头。

　　"你们快看，这里的岩石好奇怪，就像是透明的水晶。"帅帅用手指着处于峡谷壁上的新发现，迫不及待地想要跟其他人分享。

　　"是啊，还有这边的岩石，竟然是螺旋状的，真是太神奇了。"秀芬顺着帅帅手指的方向看过去，也发现了一些奇怪的岩石。

　　看着他们疑虑不解的表情，尤丝小姐解释说："孩子们，你们看到的那些岩石，分别叫花岗岩和片岩，它们都是在远古时期形成的，历史已经非常悠久了。"

　　"什么是片岩？"史小龙好奇地问。

　　"片岩是最常见的一种变质岩石。普通岩石如果遇到了高温或高压，内部构造就会发生翻天覆地的变化，继而形成一种全新的岩石，即变质岩。而普通岩石在变质之前，原岩中的晶体会发生熔融现象，熔融后的晶体遇到某种特殊条件，又会重新结晶，形成新的片状、柱状或粒状的岩石，这就是片岩。"尤丝小姐解释说。

"美国大峡谷最吸引人的地方固然是它美丽独特的风景，但是这些岩壁上暴露出来的岩层其实更加珍贵，因为它们的科学价值是巨大的，从中人们可以看到从远古时期到现在，这片土地所发生的一桩桩地质事件。地球上其他任何地方都无法与这里相提并论。"卡尔大叔说。

"那研究清楚这些岩层就可以了解这里发生过的所有地质事件吗？"帅帅问。

卡尔大叔摇了摇头："这正是非常遗憾的一个地方，人们研究后发现，美国大峡谷似

乎并没有十分完整地将所有发生过的地质事件都记录下来。由于地层的缺失，其中好几百万年并没有被记录下来。"

"那地质专家都从这个地方看出了些什么？卡尔大叔您给我们讲讲吧。"秀芬说。

"好啊。"卡尔大叔爽快地答应了，"从现有的地质事件来看，美国大峡谷地层的历史可谓相当悠久。人们发现，大峡谷的最低处是由花岗岩及片岩组成的，它们大多呈现结晶、螺旋、扭曲的状态，据推断已经有大约 20 亿年的历史了。在这些岩石上面的石灰岩、砂岩和页岩，大约有 5 亿年的历史。最上面的岩层是由石灰岩、页岩和砂岩组成的，美国大峡谷大部分谷壁都分布着这种岩层。历经岁月的洗礼，这些岩层大部分都已经被侵蚀，形成了陡峭的山壁和悬崖。整个大峡谷看上去五彩斑斓，十分美丽动人。大峡谷的西南部从前大都是活火山，火山喷发后溅落的物质堆在那里，便形成了火山锥，因此近代生成的熔岩和火山锥也都分布在那里。"

岩石的种类

我们通常所说的岩石分为岩浆岩、沉积岩和变质岩三种。

岩浆岩也叫火成岩，是在岩浆凝结后形成的。各种岩浆岩和岩浆矿床的形成都离不开岩浆。岩浆因移动、聚集、变化及冷凝而形成岩石的过程，就叫作岩浆作用。岩浆岩约占地壳总体积的65%，是人们最常见到的一种岩石。

在常温常压的条件下，风化作用、生物作用或火山作用会引发物质搬运、沉积等一系列地质作用。在这种情况下形成的岩石，就是沉积岩。沉积岩几乎覆盖了整个海底，所以分布范围也十分广泛。

变质岩是指岩石在高温高压的作用下，本来的结构和成分都发生变化而形成的新的岩石。变质岩约占地壳总体积的27.4%。在建筑中被广泛利用的大理石就属于变质岩，在我们的日常生活中随处可见。

"我们一直站在大峡谷的顶端赏景，这里是很美呀，但是谷底的景色好像更吸引人呢。尤丝小姐，你可以带我们下去看一看吗？"在大峡谷上面看了好一会儿，史小龙觉得这里已经不能满足自己的好奇心了，就开始央求尤丝小姐带他们去谷底看一看。

　　尤丝小姐笑眯眯地说："下面的路可不像上面这么平坦，你们要是真想去谷底，可要做好心理准备了。"

　　"只要能看到美景，我们什么艰难险阻都不怕，什么困难都可以克服，尤丝小姐你就放心吧。"秀芥汶次比史小龙的决心还大。

　　"那好，我们就一起下去吧，你们可要小心点哦。"尤丝小姐说。

　　"1890 年，美国作家约翰·缪尔在游历过美国大峡谷后，曾在一本游记中描写这里的美景：'就算你走过再多的路，看过再多的名山大川，你依旧会觉得，大峡谷美得仿佛不属于这个世界、这颗星球。'"卡尔大叔说。

"我看过一则报道，有人称美国大峡谷是人类在太空中唯一用肉眼就能够看到的自然景观，这是真的吗？"帅帅好奇地问。

"这个说法到底是真是假，目前还不明确。但是，不难想象，美国大峡谷的宏伟壮观是如假包换的。在说法传出后的几十年时间里，美国大峡谷的名气越来越大，全世界越来越多的人特意赶到这里，只为目睹它的风采。美国总统罗斯福也曾在 1903 年来到这里，并深深地为这些美丽的景色所折服。"卡尔大叔解释。

"没有人能够对大峡谷的优美景色无动于衷，像我们一样抵挡不住谷底的风景，无论如何也要下去一探究竟的更是大有人在呢。"尤丝小姐说。

几个人终于到达了大峡谷的谷底，却发现这里另有一番天地。到处都是寸草不生的红土地，看不到一点绿色植物，气温也明显高于顶端，又闷热又干燥。

"大自然真是太神奇了，同一个地方居然能出现如此截然不同的两种景观。"看着眼前荒漠化的谷底，帅帅不禁感叹道。

　　"呵呵，大峡谷的谷底常年都会刮大风，河水又不断冲刷侵蚀着岩壁，所以这地方的土壤盐渍化得很厉害，几乎任何作物都无法在这里生长。

　　"你们看这些各不相同的地层，多美啊。底层因为大多由花岗岩和片岩等晶状物组成，所以相对比较坚硬，更经受得住河水的剧烈冲刷。上面一层主要由石灰石和页岩组成，所以较为松软，在河水的冲击作用下就留下了那些坑坑洼洼的痕迹。至于这种在大峡谷谷壁中分布最多的岩石层，尽管不太松软，却也并不十分密

实。这种松紧不一的岩层被河水冲刷后，就使得大峡谷有许多地方都发生了面积不小的塌陷，有些地方甚至只留下了一条窄窄的缝隙，就像'一线天'，这些都给大峡谷增添了一份独特的韵味。"

"你们快看，这里有一个马蜂窝，会不会有马蜂从里面飞出来啊？真奇怪，难道这里的马蜂不怕水吗？"卡尔大叔的话还没说完，帅帅突然指着一个岩石壁上的"马蜂窝"惊奇地大喊。

史小龙看了一眼他说的"马蜂窝"，哈哈大笑起来："你见过马蜂把窝筑在岩壁上的吗？而且还跟岩壁衔接得如此天衣无缝？"他好不容易把话说完了，仍止不住笑。

卡尔大叔伸手抚摸着这些"马蜂窝"，对大家解释："孩子们，这可不是马蜂窝，而是河水日夜冲刷岩石所造成的痕迹。这可都是时间的印记，知道吗？

"这些形态各不相同的岩石都是在科罗拉多河河水的侵蚀、搬运和沉积下形成的。科罗拉多河既改变了这里地表的本来面貌，又对地表物质进行了精细的打磨和削减。巨大的落差加大了河水的力量，使

河水能通过流动将这些地表物质带到更远的地方。这些物质在平缓的地方沉淀下来越积越多，与原本的物质结合就形成了新的物质。除了河水，风也是造成这里的岩石形状各异的一个重要原因。它同河水一样，也能对岩石起到侵蚀作用。岩石在阳光的照射下，通过风与空气中的二氧化碳、水等物质发生一系列的化学反应，形态也会发生变化，甚至支离破碎。"尤丝小姐说。

"你们看这里多美啊。不同于别处的褐色，这里所有的岩壁几乎都是红色的。还有那些土壤，虽然原本是褐色的，但是在阳光的直射和反射作用下，却会以一种五彩缤纷的样子呈现在人们的眼中。我得仔细观察观察，说不定还能发现谷壁岩层中镶嵌的古老化石呢。"帅帅高兴地喊叫着。受到他的感染，秀芬和史小龙也跑过去同他一起观察了起来。

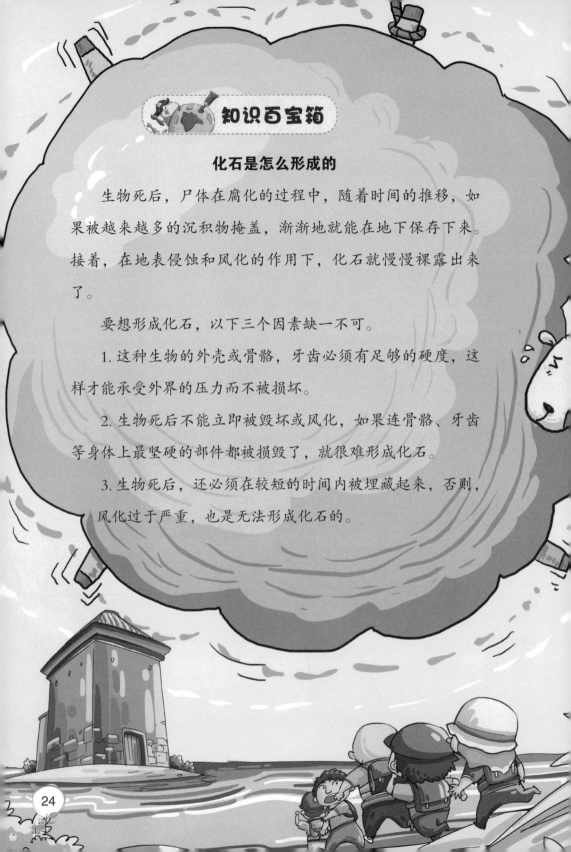

知识百宝箱

化石是怎么形成的

生物死后，尸体在腐化的过程中，随着时间的推移，如果被越来越多的沉积物掩盖，渐渐地就能在地下保存下来。接着，在地表侵蚀和风化的作用下，化石就慢慢裸露出来了。

要想形成化石，以下三个因素缺一不可。

1. 这种生物的外壳或骨骼，牙齿必须有足够的硬度，这样才能承受外界的压力而不被损坏。

2. 生物死后不能立即被毁坏或风化，如果连骨骼、牙齿等身体上最坚硬的部件都被损毁了，就很难形成化石。

3. 生物死后，还必须在较短的时间内被埋藏起来，否则，风化过于严重，也是无法形成化石的。

"尤丝小姐，我们再去东段的观景台看一看吧，听说那里是按照古印第安人的建筑风格建造的呢。"还没休息多长时间，史小龙就迫不及待地想去看下一个景点。

　　尤丝小姐走过来，摸了摸史小龙的头，笑着说："小龙，卡尔大叔还没有研究完这里的地质地貌呢，我们还是先等等，不要打扰他了。"

　　史小龙不情愿地点了点头，这时，卡尔大叔突然在不远处喊他们。几个人赶紧跑了过去："卡尔大叔，发生什么事情了？"

　　"孩子们，你们快看看这里的地质状况，虽然都在同一片区域，可是颜色却是不一样的。"卡尔大叔说，"知道是怎么回事吗？呵呵，岩石的种类不同，含有的矿物质也会不同，那么，

它们受到风化和侵蚀的程度自然也不一样了。你们看，这上面的岩石略微白一些，而下面的则是红色的，这就说明，下面的岩石含有较多的铁元素。"

"卡尔大叔，我最喜欢蓝色，这里有没有蓝色的岩石呢？"听到卡尔大叔的讲解，秀芬不禁提出了自己的疑问。

帅帅倒是抢先回答了这个问题："据我所知，在美国大峡谷这片区域可没有蓝色的岩石，不过，蓝色的岩石是存在的吧。"

"帅帅说得很对，虽然人类目前还没有在这里发现蓝色的岩石，但这并不代表蓝色岩石就一定是不存在的。好了孩子们，准备好，我们出发去下一站——观景台了。"

"这里的观景台实际上就是一座石塔，是在 20 世纪 30 年代完全按照这里的原住民印第安人的建筑风格修建完成的。"卡尔大叔带着他们一边向东边走一边说。

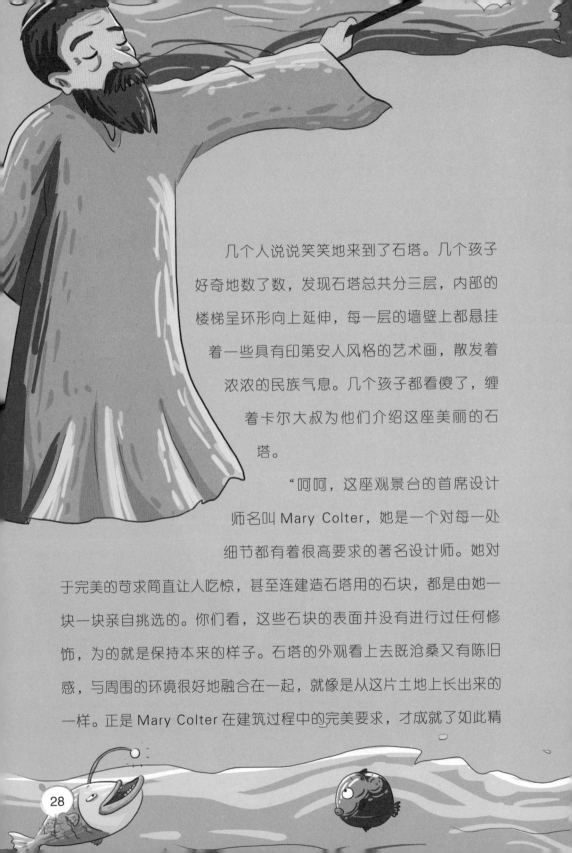

几个人说说笑笑地来到了石塔。几个孩子好奇地数了数，发现石塔总共分三层，内部的楼梯呈环形向上延伸，每一层的墙壁上都悬挂着一些具有印第安人风格的艺术画，散发着浓浓的民族气息。几个孩子都看傻了，缠着卡尔大叔为他们介绍这座美丽的石塔。

"呵呵，这座观景台的首席设计师名叫 Mary Colter，她是一个对每一处细节都有着很高要求的著名设计师。她对于完美的苛求简直让人吃惊，甚至连建造石塔用的石块，都是由她一块一块亲自挑选的。你们看，这些石块的表面并没有进行过任何修饰，为的就是保持本来的样子。石塔的外观看上去既沧桑又有陈旧感，与周围的环境很好地融合在一起，就像是从这片土地上长出来的一样。正是 Mary Colter 在建筑过程中的完美要求，才成就了如此精

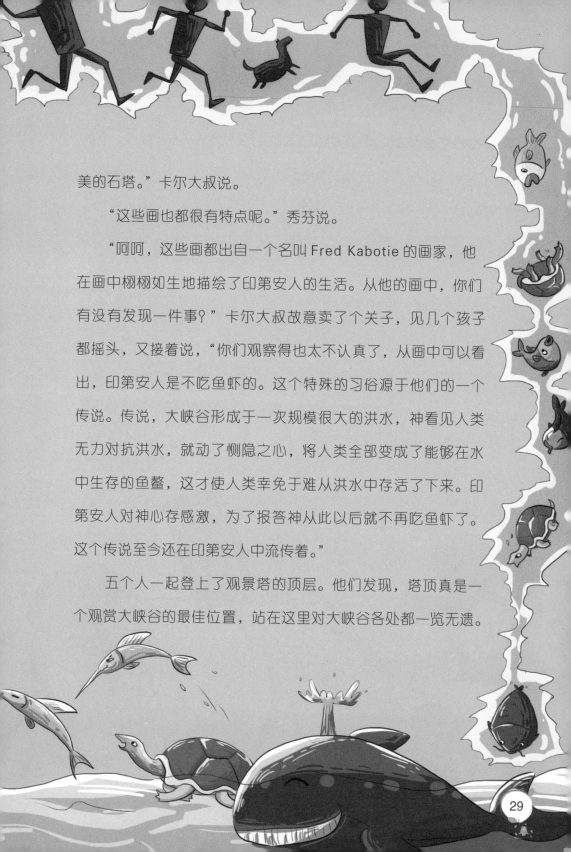

美的石塔。"卡尔大叔说。

"这些画也都很有特点呢。"秀芬说。

"呵呵，这些画都出自一个名叫 Fred Kabotie 的画家，他在画中栩栩如生地描绘了印第安人的生活。从他的画中，你们有没有发现一件事？"卡尔大叔故意卖了个关子，见几个孩子都摇头，又接着说，"你们观察得也太不认真了，从画中可以看出，印第安人是不吃鱼虾的。这个特殊的习俗源于他们的一个传说。传说，大峡谷形成于一次规模很大的洪水，神看见人类无力对抗洪水，就动了恻隐之心，将人类全部变成了能够在水中生存的鱼鳖，这才使人类幸免于难从洪水中存活了下来。印第安人对神心存感激，为了报答神从此以后就不再吃鱼虾了。这个传说至今还在印第安人中流传着。"

五个人一起登上了观景塔的顶层。他们发现，塔顶真是一个观赏大峡谷的最佳位置，站在这里对大峡谷各处都一览无遗。

陡峭而又形态各异的山壁、阳光中仿如海市蜃楼一般的荒漠都十分壮观。几个孩子都看呆了。

"真是太漂亮了。这里果然是最适合观赏大峡谷的地方，名不虚传，名不虚传。"史小龙忍不住发出赞叹。

尤丝小姐在后面听见后，笑着说："那是当然了，如果不是为了得到这个最佳视角，人们又怎么舍得花费那么大的力气在这种荒凉的地方建造这么精美的观景台呢？"

"你们快看，那是什么？"大家顺着秀芬手指的方向看去，发现有一队骆驼从山谷中走过，还传来清脆的铃声。

"我看看。"帅帅探头仔细看看，然后说，"哦，那是驼队，是美国大峡谷商业开发的一个旅游项目，游客可以试骑。有机会我们也去试骑一下吧。"

喀斯特地貌

　　什么是喀斯特地貌？喀斯特地貌就是指石灰岩聚集的地方，由于长期受到地下水的溶蚀及流水的侵蚀，而渐渐形成的一种地貌。我国的西南部是喀斯特地貌的重要分布地区。其中，贵州、广西和云南的东部，是世界上最大的喀斯特地区之一。

　　喀斯特地貌也是需要一定的条件才能形成。首先，这个地区的岩石必须具有可溶性，这是形成喀斯特地貌的根本条件；其次，岩石间要有一定的缝隙，足以让流水穿过，即岩石要有透水性。透水性越强，喀斯特地貌就会表现得越完整；流水的作用是不可忽视的，流水的侵蚀、搬运和沉积对喀斯特地貌的形成有很大的帮助。

卡尔大叔一行人从观景台走下来，为了能够看到更多的美景，他们决定继续前行。

　　"孩子们，我们刚刚已经在观景台上看到了美国大峡谷的全貌，你们有什么体会吗？"卡尔大叔边走边问。

　　史小龙抢着回答："卡尔大叔，这里的景色真是太美了，美国大峡谷是我见过的最美的峡谷，在我心中，其他地方的景色都不能跟它比。"

　　"小龙说得很好，可是我们认识一件事物不应该只关注它的外表，更应该深入地了解它的内在。"

　　"除了美丽的景色，美国大峡谷当然还有很多地方值得我们关注啦。要知道，这里的地质、地貌和动物化石在地理专家眼中可都是最珍贵的宝贝呢。"帅帅急切地说出了自己的想法。

　　史小龙听完，若有所思地点了点头，然后说："帅帅说得也没错，确实是这样的，秀芬，那你是怎么想的呢？"

　　"我觉得美国大峡谷的形状有点像桌子。"秀芬略微思考了一下，认真地答道。

史小龙听完，竟然哈哈大笑起来。

"秀芬，你的想象力实在是太丰富了，美国大峡谷怎么会像一张桌子呢？哈哈哈。"

可是尤丝小姐却说："史小龙，你可不要嘲笑秀芬，她说得没错，美国大峡谷的形状确实很像一张桌子。"

尤丝小姐告诉几个孩子，美国大峡谷所在的科罗拉多高原是一个十分典型的"桌状高地"，底部特别平坦，侧面却十分陡峭，因此人们也戏称美国大峡谷为"桌子山"。科罗拉多高原地区的地面起伏程度是非常小的，大峡谷之所以呈现出这个样子完全是侵蚀作用导致的。侵蚀作用带来了下切和剥离的效果，使得岩壁的两端斑斑驳驳又参差不齐。同时，在侵蚀作用，科罗拉多高原上较为坚硬的岩石层慢慢被磨成了平台状，这使得它能够像保护层一样，让河谷免受侵蚀。

"你们看这些岩层，它们都是从远古时期开始，由新的岩层在更为古老的岩层上慢慢地累积而成，所以每一层的颜色都不一样，并且水平层次非常清晰。你们不觉得它们就像是树木的年轮，每一层都清晰地留下了时间的痕迹吗？这对于地质学家们了解和研究这些岩石的年龄和层次非常有帮助。"卡尔大叔一边讲解一边指给孩子们看。

秀芬突然停下脚步，弯腰发现地上散落着很多灰尘，然后问："卡尔大叔，这就是火山灰吗，它们怎么会出现在这里，难道这里不久前曾有过火山喷发？"

"没错，这就是火山灰，美国大峡谷四周的这几座火山都是活火山，会不定期地喷发。不过据我所知，近一百年内，这些火山都没有喷发过。"卡尔大叔用手摸了摸地上的灰尘，对秀芬说。

"我还没见过火山喷发是什么样子呢。卡尔大叔，您知道火山为什么会喷发吗？"史小龙兴奋地问。

卡尔大叔回答说："火山喷发是地壳运动的一种表现形式，在地壳运动的影响下，岩浆受到了很不平衡的压力，为了释放这种压力，岩浆就会从岩层中喷发出来，形成火山喷发。"

"我在书上看到过，火山喷发后产生的火山灰和气体，对人们的生活和大气环境都会产生很不好的影响。火山灰散布在空气中，天空就会变得灰蒙蒙一片，就连太阳也仿佛被蒙上了阴影。空气的能见度降低了，人们出行就会很不方便。火山喷发产生的气体不利于人体健康，这种气体会腐蚀人们的皮肤，如果吸入体内过多，人还有可能中毒呢。"秀芬说。

"那还不算最可怕的。火山喷发后，最让人们担心的就是暴雨天气。因为火山灰一旦遇上暴雨，极有可能形成泥石流等地质灾害，给人们的生命和财产安全带去更大的损害。"尤丝小姐说。

　　"而且，科学界一直存在一种观点，说是恐龙的灭绝也与火山喷发有关系呢。恐龙就是因为适应不了火山喷发后空气的变化，才大批死亡，直至全部灭绝的。"帅帅插嘴说。

　　看着几个孩子紧张的表情，卡尔大叔说："其实，火山喷发也不是全无益处的。火山灰是极好的肥料，只要厚度不超过20厘米，被它覆盖的农田，就会变得相当肥沃，使农作物的产量大大提高。而且，火山灰虽然会给天空蒙上阴影，但也会与太阳或月亮一同呈现出一番美妙的景象，那可是百年不遇的奇景呢。

知识百宝箱

如何在火山喷发中自救

如果你住的地方在火山附近，或是你要去火山附近旅游，那么学一点在火山喷发时逃生的知识是十分有必要的。

就像地震前会有预兆一样，火山在爆发前也会先表现出一些特殊的征兆。例如，地表会出现一些轻微的变形；一些奇怪的气体会从地表冒出，并伴着一股奇怪的味道；绿色的植物会出现褪色，甚至会枯死，动物也会有不同寻常的表现，甚至会死亡等。如果你在火山附近看见了类似这样的状况，那就意味着，这座火山极有可能要喷发了。

如果火山已经喷发，记得要戴上眼镜，防止火山灰灼伤眼睛。不过，不要选择太阳镜哦。你还需要准备一块打湿的布，用来捂住自己的鼻子和嘴巴，避免火山灰进入呼吸道。这两个步骤都做到，你就可以迅速逃生。

"小龙，这本书上说，在很久很久以前就有好多人慕名来美国大峡谷探险呢。"帅帅手里捧着一本书，兴奋地对史小龙说。

　　身为资深探险迷的史小龙无比羡慕地说："要是有机会我也会去探险的，探险路上肯定会碰到许多特别好玩儿的事情。"

　　"小龙，你就顾着玩儿，你知不知道，探险家在路上随时都会有生命危险的？可是，由于他们身负重任，遇到危险也不能后退，只能向前。想要当一名探险家，必须要具备足够的探险技能才行。"听到史小龙的话，秀芬忍不住说。

　　"不错，所有到美国大峡谷探险的探险家都身负重任，即使没接受任务，也会为自己设立一个目标的。"帅帅补充说。

　　"到美国大峡谷探险可不是件容易的事。早在 1540 年 9 月，征服了西班牙王国的弗朗西斯科·瓦斯科·德·科洛纳多就为手下人下达了一个指令，要求他们找到只存在于传说中的'希波拉七城市'。这支探险队的船长名叫加西亚·洛佩兹·德·卡迪纳斯，他接到命令后，就率领一队西班牙士兵出发了，随行的还有几个经验特别丰富的

霍皮族的向导。"卡尔大叔不想几个孩子对探险怀着盲目的乐观，开口说，"在海上，探险船一直向北开，经过不知多少个日夜，终于抵达了一片沙漠，这片沙漠就是现在美国大峡谷南岸地区的沙漠地带。于是，船长派三名士兵下船巡查，这三名士兵昼夜不停地，走了差不多谷底三分之一的路程，突然发现身上的水不够了，实在无法再继续前进，只得掉转头回到了船上。后人研究发现，当时船上的霍皮族向导实际上是知道如何快捷地穿越大峡谷谷底的，可他们并不希望西班牙人真的穿越大峡谷谷底，所以没有把路径说出来，西班牙人的探险只能以失败告终。

"两百年的时间过去了，在这段不短的时间里，始终没有欧洲人再在大峡谷出现过，也没有人去那里探险。美国大峡谷的宁静再次被打破是在 1776 年。"

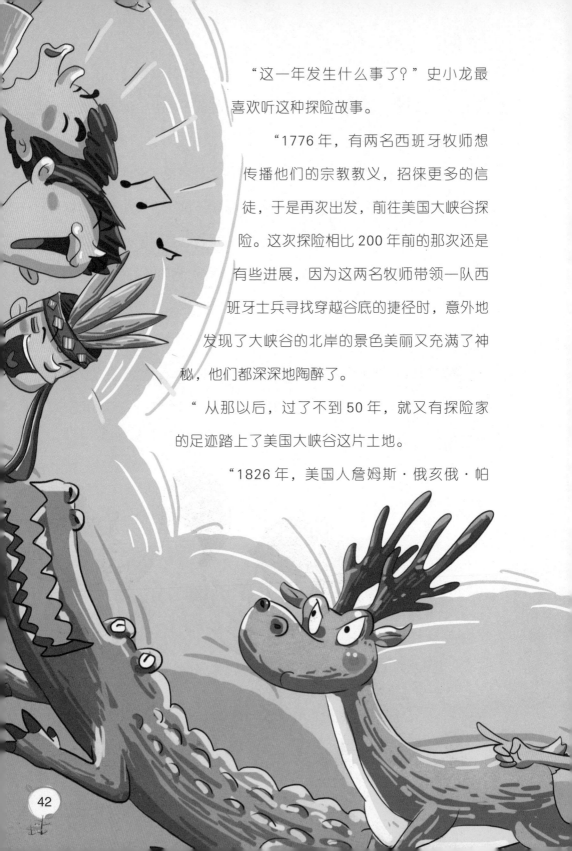

"这一年发生什么事了？"史小龙最喜欢听这种探险故事。

"1776年，有两名西班牙牧师想传播他们的宗教教义，招徕更多的信徒，于是再次出发，前往美国大峡谷探险。这次探险相比200年前的那次还是有些进展，因为这两名牧师带领一队西班牙士兵寻找穿越谷底的捷径时，意外地发现了大峡谷的北岸的景色美丽又充满了神秘，他们都深深地陶醉了。

"从那以后，过了不到50年，就又有探险家的足迹踏上了美国大峡谷这片土地。

"1826年，美国人詹姆斯·俄亥俄·帕

提带领一队猎人来到了大峡谷。虽然他们这次探险的文献记录并不多，不过探险事迹是真实的，他们在大峡谷中发现了许多不同的动物。之后，来美国大峡谷探险的人就越来越多了。

"19世纪中叶，一个名叫雅各·汉布林的摩门教传教士被派往美国大峡谷，目的是寻找一个合适的传教地。当他到达大峡谷时，那里已经有许多白人在此定居了，他与这些白人和土著民族相处得特别和谐，深受欢迎和尊敬。他在大峡谷居住了很多年。

"1857年，美国政府派遣约瑟夫·艾夫斯率领一支探险队去大峡谷探险。这些探险家们决定以加利福尼亚湾为起点，逆流而上。他们艰难地航行了两个月，终于抵达了目的地——大峡谷。遗憾的是，他们的航船与礁石发生了冲撞，船被撞坏了。还好没有人员在此次撞击事故中受伤或死亡。约瑟夫只能带领其他探险队员徒步向东面行走，他们发现了钻石溪。不过，约瑟夫并没有意识到大峡谷的价值，在围着大峡

谷走了一整圈儿后居然说：'这个大峡谷真是个连鸟都生不出蛋的地方，我们的探险工作没有任何意义和价值。我想，我们是来到这里的第一批白人，同时也是最后一批。'

"约瑟夫的这段话真是太不负责了。更糟的是，这个评价导致了美国政府错误地相信美国大峡谷的价值不高，没有开发利用的必要，直接将大峡谷的开发利用推后了十几年。不过，在这十几年中，有一些商人来到大峡谷，肆意地开发矿产资源、贩卖马匹，得到了相当丰厚的利润。"

1858 年，李氏渡口和皮尔斯渡口相继被发现。直到今天，交通运输和旅游业的发展仍离不开这两个渡口的支持。

知识百宝箱

探险家的故事

徐霞客不仅是中国明代最著名的探险航行家，也是当时最著名的地理学家。被祖国的名山大川所深深地吸引，使得他从22岁就开始各处游历。他的游历一直进行了四十多年，足迹遍布大江南北，还写了一本《徐霞客游记》。这本书使他扬名海内外，被人们誉为"千古奇人"。

中国古代另一位著名探险家玄奘法师，贞观元年（627年），为寻究大乘佛教教义，徒步从长安出发，沿着古代丝绸之路，到佛教发源地天竺（印度），历时16年，吃尽了千辛万苦，有好几次甚至连命都差点丢了。贞观十七年643年），玄奘将657部佛经带回中土。贞观十九年（645年），回到长安，受到唐太宗的热情迎接。

"如果每天起床都能看到这样的美景，那生活真是太美好了。"秀芬深深地吸了一口气，无比憧憬地说出了自己的美好愿望。

史小龙听了，不禁哈哈大笑，他说："虽然这里的景色很壮观，可是大峡谷那边都是沙漠，根本没有人能在条件这么恶劣的地方定居，所以你就不要痴心妄想了。"

"小龙，你就不知道了吧？早在千百年前，这里就有人定居了。"帅帅向史小龙扬了扬手里的书，说，"这些在书中都有记载，而且，定居在此的人们一直都过着丰衣足食的日子，可不像你想象的那样。"

"帅帅说得没有错。"卡尔大叔走进了房间，正好听到了孩子们的话，他笑着说，"早在三千多年前，就有人居住在这里了，不过他们并不像我们一样把房屋建在平地上，而是把房屋建在了崖洞里，这样更方便保护自己。他们这种居住在崖洞里的生活方式和所居住的崖洞叫作崖居。在四角地区，就有很多印第安人留下的崖居遗址哦。"

"把房子建在崖洞里？

听起来好有趣，卡尔大叔，您多给我们

讲讲。"秀芬说。

"好啊！崖居这种建筑方式在 13 世纪后期

曾十分盛行，几乎所有的印第安人都住在这种房

子里。悬崖的下面通常都会有一个很大的洞，洞

里面的空间很广阔，能够供不少人栖身，聪明的

印第安人发现了这一点，就在这些崖洞盖起了房

子，少则几间，多则几百间。一个崖洞里往往住

着一个村落，整个悬崖上到处都是大大小小的

崖洞。"卡尔大叔说。

"非常有趣的是，学者们研究后还发

现了一种特别奇怪的现象，1300 年前后短短的几十年间，突然就没有人再住在崖居里了，真可谓是人去崖空。令人不解的是，崖居中虽然没有了印第安人的踪影，但他们未吃完的食物、贮存的水源以及还没有做完的活计却依然留在了崖居里。看上去就像主人还会回来似的，可事实上再没有人回去居住，直到现在，也没人知道这里究竟发生了什么事。"尤丝小姐走进来给孩子们讲解。

"大概在几万年前，早期的印第安人从西伯利亚横跨过阿拉斯加大陆桥来到美洲，他们分成不同的群体，谋生的方式也各不相同。例如，美洲中部土地肥沃，生活在那里的印第安人靠耕种一些简单的食物为生；而美洲北部靠近河流，生活在那里的印第安人以捕鱼为生。我们现在吃的食物，有许多都是印第安人最早开始种植的。可见，印第安人是一个多么聪明、多么勤劳的民族啊。印第安人还特别擅长驾驭马匹，他们驰骋在马背上的技能，仿佛是与生俱来的。"

"哇，印第安人简直是太幸运了，他们可是最先享受到美国大峡谷美景的人类，天天呼吸着这么新鲜的空气，真是太幸福了。"听完

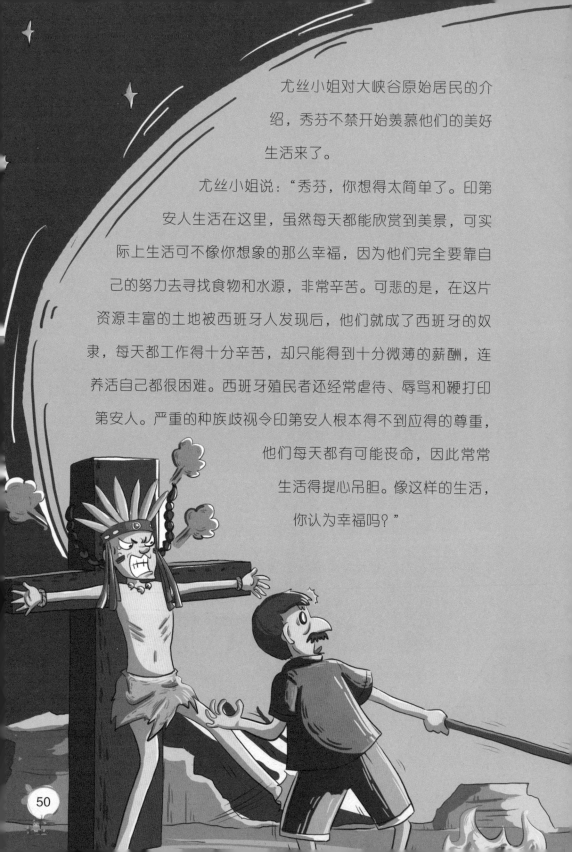

尤丝小姐对大峡谷原始居民的介绍，秀芬不禁开始羡慕他们的美好生活来了。

尤丝小姐说："秀芬，你想得太简单了。印第安人生活在这里，虽然每天都能欣赏到美景，可实际上生活可不像你想象的那么幸福，因为他们完全要靠自己的努力去寻找食物和水源，非常辛苦。可悲的是，在这片资源丰富的土地被西班牙人发现后，他们就成了西班牙的奴隶，每天都工作得十分辛苦，却只能得到十分微薄的薪酬，连养活自己都很困难。西班牙殖民者还经常虐待、辱骂和鞭打印第安人。严重的种族歧视令印第安人根本得不到应得的尊重，他们每天都有可能丧命，因此常常生活得提心吊胆。像这样的生活，你认为幸福吗？"

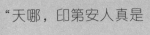

"天哪，印第安人真是
太可怜了。"听了尤丝小姐的话，帅帅
难过极了，他十分同情印第安人民曾经遭
遇的不幸。

"唉，印第安人之所以遭遇到这样的事情，主
要是因为大峡谷的地下埋藏着十分丰富而又珍贵的矿
产资源。西班牙殖民者对这些资源垂涎万分，只是苦于
不知道怎么把它们挖出来。当他们发现居住在大峡谷中
的印第安人时，就使用武力征服了他们，并开始将其当作
廉价的劳动力，拼命地奴役他们。为了防止印第安人反抗，
殖民者以极度的武力去征服他们。当时的印第安人可怜极了，
只要稍有反抗，各种难以想象的酷刑就会被施加在身上。那
实在是印第安民族所经历过的最惨痛的时期。"卡尔大叔痛
心地说。

51

第九章

印第安人

"卡尔大叔，这本书上说印第安人的生活习俗跟我们很不一样，可是却没有详细地进行介绍，你能给我们具体讲讲吗？"帅帅捧着手中的书问。

"当然可以。"卡尔大叔笑眯眯地说，"印第安人特别崇拜神明，所以在他们的文化中有大量的神话。在这一点上，印第安文化倒是和中国古代的文化颇为相似呢。几千年以前，美国大峡谷确实居住着许多迁徙而来的印第安人，不过到了今天，居住在这里的印第安居民一共只剩下了五个。正所谓物以稀为贵，所以虽然印第安人只剩下了五个，但仍吸引了大批游客前来美国大峡谷参观他们的住所和生活习俗。你们看，前面那个棚子就是展示他们的文化的。"

几个孩子看到，在印第安人崖居遗址的前方，共悬挂了十个国家的国旗。这些国旗一字排开，其中，排在最前面的是美国国旗，而排在第三位的是中国国旗，可见来这里的

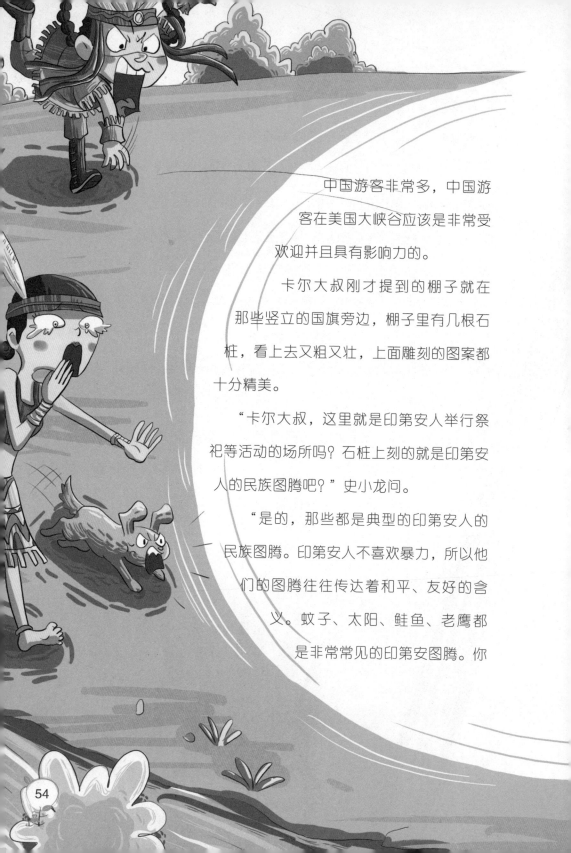

中国游客非常多，中国游客在美国大峡谷应该是非常受欢迎并且具有影响力的。

卡尔大叔刚才提到的棚子就在那些竖立的国旗旁边，棚子里有几根石桩，看上去又粗又壮，上面雕刻的图案都十分精美。

"卡尔大叔，这里就是印第安人举行祭祀等活动的场所吗？石桩上刻的就是印第安人的民族图腾吧？"史小龙问。

"是的，那些都是典型的印第安人的民族图腾。印第安人不喜欢暴力，所以他们的图腾往往传达着和平、友好的含义。蚊子、太阳、鲑鱼、老鹰都是非常常见的印第安图腾。你

们知道蚊子为什么也能成为受印第安人

尊重的图腾吗？"卡尔大叔一心想考考几个小家伙。

　　"我在书上看过，蚊子之所以能成为印第安人的图腾，源自一个

神话故事。"看着卡尔大叔鼓励的眼神，秀芬继续说，"传说，在很久

很久以前，蚊子的个头儿特别大，而且它们需要经常吸食新鲜的血液

才能维持生命。在一个特别寒冷的冬天，印第安人的一个酋长路过河

边时，看到一个小男孩儿正在被蚊子叮咬，由于失血过多已经快要死

了。为了救下男孩儿，酋长毅然举起了一块大石头，准备砸死蚊子，

不过蚊子刚巧从河水中看到了酋长的倒影，它还以为真的有一个人在

河水里，特别高兴，立刻飞到河水中想要吸他的血，

可是冬天的河水太冷了，蚊子一飞进水中就

冻死了。这时，小男孩的妈妈听到消息也

赶了过来。她看着自

己的孩子伤心极了，便把蚊子尸体拖上岸，准备焚烧它，为自己的孩子报仇。但蚊子作为大自然的精灵，是不会消失的，它的身体变小了依旧生活在地球上。印第安人对蚊子强大的生命力量十分崇拜，就将蚊子的形象制成了本民族的一种图腾。"

"秀芬讲得很清楚，也很正确。印第安人的图腾背后都是有故事的。太阳也不例外。印第安人始终相信，太阳神生活在高高的天上，人类生存所倚赖的一切光明和热量都是他赋予的。传说，在很久以前，太阳被一个心肠不好的巫师给锁进了一个小盒子里，然后将这个盒子藏在山洞里，仅在盒子上挖了一个小洞，供太阳呼吸使用。有一天，太阳从小洞向外看见外面的世界实在是太美好了，于是就拼命想爬出去，经过努力，终于成功了。太阳冲上天散发出耀眼的光芒和磅礴的热量。两名印第安酋长刚好看到了这一幕，认为太阳一定能带来所需要的东西，就拼命央求太阳留下来。虽然太阳没有再回到山洞，但它依旧为大地上的人们带来了温暖和光芒，成了印第安人心中活泼、快乐、强大的象征，由此制成他们的一种图腾。"

"真有趣。卡尔大叔，你再讲讲鲑鱼和老鹰图腾的由来吧。"帅帅听得入迷，生怕卡尔大叔不说了。

"好，好。你先坐下，别急。鲑鱼也叫三文鱼，是一种非常有名的淡水鱼。这种鱼大部分生活在太平洋的北部及欧洲、亚洲、美洲的北部。中国烟台周围的淡水区海域也有分布，不过数量比较少。在古印第安人的神话里，他们称鲑鱼为鲑鱼人，认为他们和人类长得很像，分别居住在五块被海洋隔开的互不相连的大陆上。如果一块大陆上的人想要到另一块大陆上去，只能化身成鲑鱼，从大海中游过去。所以鲑鱼留给印第安人的印象是一种努力向前、奋斗不止的精神，印第安人将鲑鱼制成图腾，就是希望能一直将这种精神传承下去。

老鹰被印第安人视为自然界中极富灵性的动物，十分神圣。印第安人对于老鹰图腾画还有很高的要求呢，例如羽毛和爪子都必须按照固定的画法去画，老鹰图腾是权威和地位的象征。"

"印第安人用什么方式谋生呢？"史小龙突然问。

"印第安人最开始的谋生方式就是狩猎和种植，偶尔也会与西班牙殖民者交换食物。20世纪以后，印第安人从博彩业中赚了很多钱，这让殖民者们非常嫉妒，总想插手到这项行业中去。印第安人将从博彩业中赚到的钱用于学校教育、医疗卫生等方面，对印第安民族文化的发展起到了很大的推动作用。"尤丝小姐说。

一行人看着那些栩栩如生的雕塑，都深深地被它们震撼了。

知识百宝箱

神秘的印第安人

印第安人到底是从哪里迁徙来的？他们到底属于哪类人种？关于这两个问题，学术界已经探讨了数百年，但一直没人能够给出一个令人信服的答案。目前，唯一被人们认同的说法是：印第安人的祖先最早从亚洲的东北部迁徙而来，他们属于蒙古人种。

科学研究表明，在两万年至三万年前的冰河时期，海平面大幅度下降，在西伯利亚和北美的阿拉斯加之间曾经出现过一座几十千米长的"白令吉亚地峡"，印第安人就是通过这座"桥"来到了北美大陆。

至于他们大规模迁徙的原因，人们猜想可能有很多种，例如受天气、战争或生活所迫。可以肯定的一点是，印第安人的整体迁徙并不是一次性完成，而是分为几个批次，陆陆续续完成的。

一行人离开崖居遗址，又开始朝下一个目的地赶去。汽车在公路上前行，位于爱达荷州立一段弯弯的公路吸引了大家的注意。看到几个孩子都好奇地打量着，卡尔大叔开口说："孩子们，你们正在看的就是著名的死亡公路。"

"死亡公路，为什么会有这么可怕的名字？真是难以想象。"听到这个可怕的名字，秀芬真是又害怕又好奇。

"我想，大概是因为这条公路上经常发生交通事故，所以才被冠以这样的名字吧。可是，这里为什么会频繁地发生交通事故呢，难道是有人在背后捣鬼？"史小龙显然也对"死亡公路"产生了极其浓厚的兴趣。

"你们说那条公路上会不会住着幽灵呢？所以才会频繁地发生这样的悲剧。"秀芬一脸担心地问。

"这个世界上根本就没有幽灵，幽灵都是人们虚构出来的。"史小龙肯定地说。

"大家想知道原因吗？"尤丝小姐一脸神秘地问。几个孩子早就想知道答案了，都拉着她，要她好好说个明白。

"'死亡公路'就位于离大峡谷不远的爱达荷公路上，离因支姆只有14千米的距离。虽然只有14千米，还不到20分钟的车程，可有些人就是挺不过这段时间，往往在这里走完了自己的一生。由于这里经常发生车祸，所以人们也习惯称这个地方为'爱达荷魔鬼三角地'。"

"这是真的吗？简直太可怕了。"秀芬喃喃地说。

"当然不是危言耸听。这个地方已经先后吞噬了17条生命。据

当地人讲，这条公路似乎有一股神秘的力量，每当有车辆经过，这股力量就会将他们连人带车抛向空中，再重重地摔向地面，结果自然是车毁人亡，几乎每个受害者都是这样丧命的。"

看着几个孩子一脸吃惊的表情，卡尔大叔索性将车停到路边，耐心地说："1986年7月，怀特一家开着汽车自驾游，目的地就是美国大峡谷，不幸的事就在他们驶上这条公路后发生了。看到这条路这么笔直，怀特原本十分高兴，还以为可以放松一下。没想到，就在他踩下油门准备舒舒服服地继续向前开的时候，悲剧毫无预警地就发生了。汽车飞快地从悬崖上坠落了下去，全家人无一生还。

　　警察本来以为这只是一次交通意外事故，可是没多长久，多起车祸就接连发生了。每起事故都发生在同样的地方，车祸发生的方式也是一模一样。接连几天，相同地方的交通事故居然发生得这么频繁，方式又都相同，实在让交警想不明白。既然清楚地看到前面就是悬崖峭壁，为什么这些失事车辆的司机却都选择了踩油门，而不是刹车呢？一个司机出现失误还说得通，所有司机都出现这样致命的失误就真是让人匪夷所思了。人们一度相信，如此离奇的事，只有超自然的力量才能导致。几天后，警察们又找到了新的线索，他们发现，这段公路上的事故都发生在上午的 10 点 30 分到中午的 12 点这段时间。这难道是破案的突破口？警察陷入了沉思。

很快，又一起车祸发生了。这次，碰巧有一个警察就在附近，所以很快就赶到了现场。他来到这条公路后，不禁大吃一惊，因为他发现眼前出现的只有一条笔直的公路，并没有什么悬崖峭壁，悬崖就那样凭空消失了。"

　　"天啊。难道真的有什么超自然的力量？是它模糊了人们的视线，让那些不幸的人踏上不归路吗？这世上真的有幽灵在作祟吗？"卡尔大叔的话还没说完，帅帅就焦急地问。

　　"警察们调查了很长一段时间，并没有得到什么有用的结果。随后，他们猜想这也许是一宗精心设计的连环杀人案，于是，又从这方面展开调查，但是还是失望地发现，所有死去的车主之间并没有联系。他们又猜想这可能是出自一个心理变态的杀人狂之手，目的是报复社会，不过这个猜想最后也没有得到证实。因为实在找不到确凿的证据，案子一度无人能解，慢慢地就成了悬案。

后来，一些专家开始调查这条公路。经过测量，他们发现，这条公路各方面都符合标准，也就是说，它的施工和设计都没有任何问题。这些专家不相信事故是幽灵导致的，他们更愿意相信惨烈的事故是由美国大峡谷地理构造的特殊性导致的。

直到最近两年，由中国一所大学的老师和学生们组成的研究小队经过考察，终于找出了事情的真相。原来，这条公路并不是笔直的，而是"U"形的弯道，只是因为路面太窄，司机在远处根本看不出公路有弯度，误以为它是笔直的，才导致车祸发生。

"原来是这样，我还以为真有一个杀人狂魔埋伏在这里呢。要是真有，我一定要把他绳之以法。"史小龙信誓旦旦地说。

"小龙，我们了解大峡谷的奇特地质构造后已经增长知识，就不用你这位名侦探亲自来帮助大家抓住'杀人狂魔'了。"秀芬调皮的打趣，引来了大家的阵阵笑声。

汽车在公路上行驶，善于观察的帅帅看着美国大峡谷的美景，问道："你们看，这么长的峡谷只有一条大河挡在中间，可是书上竟然说南北两岸的风景是不一样的，这是真的吗？"

"我们只欣赏了大峡谷的南边，还没有看到北岸呢。要不然，我们明天就去北岸玩吧。"史小龙迫不及待地提出了建议。

"孩子们，现在还不适合去大峡谷的北岸游玩哦。"尤丝小姐笑着说。

"为什么啊？"三个孩子回过头看着尤丝小姐，异口同声地问。

"想知道原因吗？卡尔大叔会告诉你们的。"尤丝小姐并没有直接回答他们的问题，而是调皮地眨了眨眼睛。

卡尔大叔说："呵呵，美国大峡谷北岸的海拔高度大约为3000米，自然景色是不差的。不过，北岸虽然景点不少，但是每个景点都隔得比较远，而且，北岸的景点对观光时间的要求也很严。一般来说，每年的5月至10月才是最适合去那里观光旅游的季节。另外，北岸也不通公交车或旅行大巴，交通不是很方便，只能选择自驾游的方式，所以客流量几乎比南岸要少四分之三。"

"那大峡谷的两岸都有哪些景点最受欢迎啊？"帅帅问。

"叔叔今天就给你们好好讲讲。"卡尔大叔说，"科罗拉多河从远远的深谷地带一路穿过国家森林公园流淌而来，千百年来，这条河的水流从未断过，大峡谷两岸巧夺天工的风光正是

它的杰作。大峡谷的岩石上都有着年轮一样清晰的层次，代表着不同的地质年代，被人们亲切地称为活化石。大峡谷公园正是以此为噱头来吸引游客的，它自诩为活的自然科学课堂，每一份景点的解说图上都配有不同岩层的剖面图，详细地为游客们介绍了分属不同地质年代的岩石，将它们的名称、颜色、结构、形成原因以及不同的特点等都一一标注出来，供游客在浏览美景的同时，也能学习到地壳变迁的科学知识。而在游客游览的过程中，大自然就是最好、最生动的老师。

"大峡谷从来就不缺游客，每年的客流量都高达 500 万人次左右。这里的风景优美怡人，门票又便宜，许多游客都是来了又来。如果游客驾车来玩，只要不是商业用车，只需交 20 美元就够了。步行或骑车的游客每人则只需 10 美元，园内提供的交通工具也不会再额

外收费。而且，门票的有效期是 7 天，进园次数不限，游客可以根据自己的时间随意安排。也就是说，游客有足够的时间饱览大峡谷内的所有景点。

"美国大峡谷共分为 19 个主要峡谷，它们都是在科罗拉多河的侵蚀切割作用下形成的。除了那些名声最响的大峡谷，大理石峡谷也很受游客欢迎。这里山势被大峡谷拦腰截断，形成了一条无法逾越的天堑，看上去壮观极了。游客如果选择步行，来回加起来大概要走上 11 千米。河北岸山崖上的岩石都是红色的，光滑细腻，十分鲜艳好看，看上去就同大理石一样圆润，这也是峡谷得名'大理石峡谷'的原因。

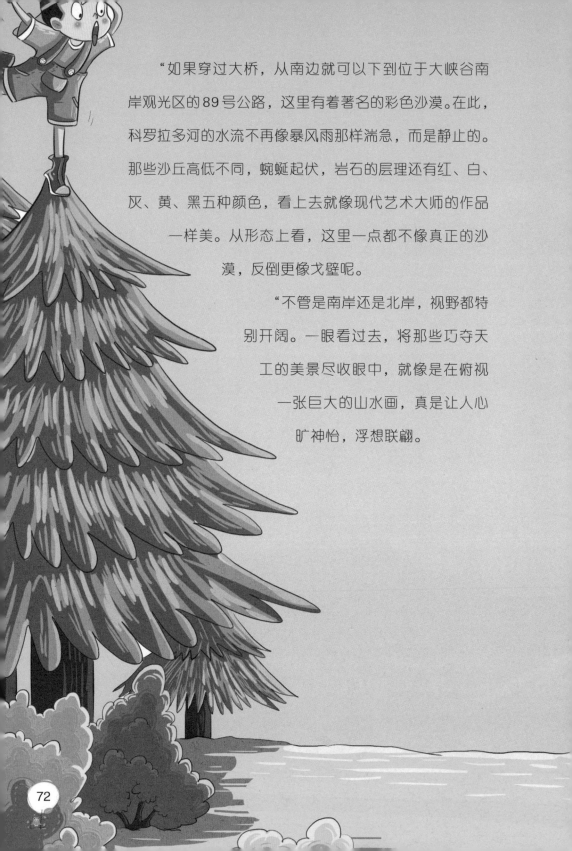

"如果穿过大桥，从南边就可以下到位于大峡谷南岸观光区的89号公路，这里有着著名的彩色沙漠。在此，科罗拉多河的水流不再像暴风雨那样湍急，而是静止的。那些沙丘高低不同，蜿蜒起伏，岩石的层理还有红、白、灰、黄、黑五种颜色，看上去就像现代艺术大师的作品一样美。从形态上看，这里一点都不像真正的沙漠，反倒更像戈壁呢。

"不管是南岸还是北岸，视野都特别开阔。一眼看过去，将那些巧夺天工的美景尽收眼中，就像是在俯视一张巨大的山水画，真是让人心旷神怡，浮想联翩。

"美国大峡谷完全不同的南北两岸，也孕育出了物种丰富的植物。由于气候的原因，南岸的植物显然没有北岸丰富。但是，南岸天气经常性干燥，却十分适合美国黄松的生长，因此南岸到处都是成片的茂密丛林。大峡谷的四周还零星生长着一些生命力顽强的灌木丛，这些植物都十分矮小，它们不需要太多的水分，因此在大峡谷的中部生长得很好。"一口气说了这么多，卡尔大叔真是累坏了。

　　"快看，这里居然生长着这么多植物，而且每一棵看起来都好健康呀。"秀芬指着远处的一丛灌木兴奋地说，"我喜欢这里。我们现在可以去游玩吗？"

　　"呵呵。这里虽然位置偏僻，但是阳光和水分都足以满足植物的生长需要，植物物种自然很多啦。不过，现在是冬天，积雪很厚，所以并不对游客开放哦。"尤丝小姐仔细地解释着。

珍贵的植物资源

第十三章

爱钻牛角尖的帅帅突然问："卡尔大叔，在我们中国的山上生长着许多珍稀的植物，许多都是有药用价值的。大峡谷的地理构造这么奇特，是不是也生长着许多珍稀的、具有药用价值的植物呢？"

"确实是这样，生长在美国大峡谷的植物，都有与众不同的地方，是非常珍贵的。"卡尔大叔说，"为了弥补你们几个不能去北岸玩的遗憾，叔叔就给你们讲讲这里最有名的植物吧。来，我们先下车，步行一会儿。"听到卡尔大叔的话，大家都感到非常高兴。

"矮松算是大峡谷南缘最常见的一种植物。"卡尔大叔一边走一边说，"矮松的生命力特别顽强，寿命长达百年。矮松的叶子为针叶，通常比较小，大约只有4厘米至8厘米长，叶子的颜色一般为黄绿色，并且都是一对一对出现的。矮松最高只能长到18米，较矮一些的甚至只有9米。如果生长环境良好，例如土壤的排水性强，矮松也能够长得再高一些。

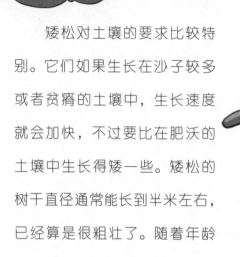

矮松对土壤的要求比较特别。它们如果生长在沙子较多或者贫瘠的土壤中，生长速度就会加快，不过要比在肥沃的土壤中生长得矮一些。矮松的树干直径通常能长到半米左右，已经算是很粗壮了。随着年龄的增长，矮松会结出许多松果。这些松果长 4 厘米至 7 厘米，有着十分顽强的生命力，可以挂在矮松上许多年也不掉落。不过，松果们在矮松上生活到第二年时，就会散落一些种子。大峡谷的动物们都喜欢生活在矮松丛中，所以矮松林还是野生动物的天然栖息地呢。每年的圣诞节是矮松大显身手的时候。家庭用的圣诞树通常都是用矮松制作的，矮松会在那天为每个家庭送去欢乐。另外，矮松也是一种优质木材，还可以用来制作造纸用的木浆。"

"这又是什么树？"史小龙指着一棵树问。

"这是刺柏。"尤丝小姐看了一眼，说，"刺柏属柏科，也叫桧柏。高约 12 米，胸径 2.5 米，树皮普遍是深褐色，树干上长有明显的竖条裂纹。从上向下地俯视，很容易就能看出刺柏的树冠为塔形，大的树枝向外肆意地延伸扩展，而下面的树枝则软绵绵地垂下来，两者形成了鲜明的对比。刺柏的叶子就像针尖一样的形状，12 毫米至 20 毫米长，1.2 毫米至 2 毫米宽。虽然只有以毫米计算的长度，但并不影响它的威力，它也和针尖一样细长、坚硬、锐利。和针唯一不同的就是，刺柏的叶子从前端到后部会逐渐地变得扁平，表面是凹凸不平的，一点儿都不光滑，而且在叶子的中间有绿色叶脉隆起。颜色越绿的叶面就越宽，叶子的背面比正面的颜色要深一些，呈现为深绿色，更为平滑。刺柏结出来的果实类似于一个球形，直径约为 7 毫米，一般为淡红色或者淡褐色。果实在挂果两年之后就会成熟，成熟后的果实，顶端会裂开一道口，里面有一两颗种子。刺柏这种植物耐寒，耐旱，只要有阳光的照射，就十分容易存活。而且刺柏不挑地方，即使是在石头缝隙，悬崖峭壁上都能存活，只是很难形成成片的森林。刺柏的果实、树皮、树根都能用于医药，味道苦涩，但是能达到很好的清热、解毒、退低烧等疗效。此外，刺柏在建筑业也有独到之处。刺柏的树干纹路清晰有条理，而且密实紧致，是制造家具、工艺品的好材料。

"美国蓝杉也叫作科罗拉多蓝杉，是生长于大峡谷中的珍贵植物。每一棵蓝杉都差不多有9米至15米高，而树冠的宽度就有3米至6米。蓝杉树呈柱状或者金字塔形，不仅枝杈茂密，而且结构紧凑。阳光对于蓝杉来说十分重要，只有保证有充足的阳光，蓝杉才能良好地发育。它的叶子有5厘米长，大部分都是蓝色，或者为蓝绿色，是世界上唯一的一种蓝色常青树。蓝杉树叶的颜色就是它的特别之处。新长出来的树叶比较柔软，并且呈现出一簇簇的样子。等长到一定的

时，就会变成坚硬的针叶。蓝杉每年几乎只能生长 30 厘米，鉴于它生长速度缓慢，于是进行了人工培育，才使蓝杉的数量增加。

　　"白杨是一种十分高大的树木，一般能长到 30 米，树干十分直挺，一般呈现灰白色或者灰绿色，也是纵向的纹路。树叶的形状有点像三角形，宽大而扁平，长 10 厘米至 15 厘米。叶缘的周围呈现出齿轮状，顶端是尖细的，中部最宽，而尾部多覆盖着绒毛，绒毛会随着树叶成长到一定时期而逐渐脱落。白杨的根部深深地扎入地底，枝叶繁茂，生长的速度较快。在湿润多沙的土壤里白杨能够良好地生长。相反的，干旱的水洼地则会抑制它的生长。在白杨的树干中能够提取一种溶液来入药，具有治疗呼吸系统疾病的效果。

　　"你们看，我们现在就像穿行在热带雨林中似的，参天大树正在向我们诉说着这里的故事，你们说是不是啊？"尤丝小姐不禁发出这样的感叹。

　　"也只有大峡谷这样的地理构造才能让多个品种的树木和谐共存啊。"卡尔大叔似乎也受到了尤丝小姐的感染。

"史小龙，你怎么随便乱吃东西呢？小心会中毒的。"帅帅看到史小龙正拿着一片树叶塞进嘴里。

"这是蓝杉的树叶，它可是会治病的，怎么会有毒呢？"史小龙辩驳说。

卡尔大叔听到了他们的对话，连忙制止了史小龙，然后说："你说的没错，这确实是蓝杉的树叶，它也确实可以入药。但是，如果要食用的话，是需要经过多道程序加工的。而且，每个人的体质不同，不遵照医嘱胡乱食用，严重的会造成生命危险的。"

"哦，原来是这样。幸亏帅帅及时叫住了我，不然后果真是不堪设想。"史小龙感到惊魂未定。

没过一会儿，史小龙就忘记了刚刚的惊险一幕，又蹦蹦跳跳地去观赏别的树木了。

卡尔大叔继续说："刚刚给你们讲解了大峡谷中的植物，现在，叔叔再给你们介绍一下这里的动物吧。美国大峡谷中不仅有着丰富的植物资源，动物的种类也不少。

"这里生活了超过 200 种鸟类、70 种哺乳动物、40 种两栖爬行动物和 10 种鱼类。像大蜥蜴、美洲隼、白头鹰，以及凯巴布松鼠、玫瑰色响尾蛇等珍稀的野生动物，都能在这里找到，这些动物也为美国大峡谷增添了一丝别样的风情。"

"蜥蜴也是珍稀保护动物？"帅帅好奇地问。

"是的。大蜥蜴这种恐龙时代唯一存活至今的爬行动物，现在已经面临灭绝的危险了。受气候变暖的影响，雄性大蜥蜴的数量越来越多，雌性越来越少，性别失调严重影响了它们繁衍后代，所以数量越来越少了。"

"那它们长什么样子呢？"史小龙好奇地问。

"大蜥蜴与蛇类同属蜥蜴亚目，两者共占所有

爬行动物93%的比例。大蜥蜴的头部和传说中的龙长得很像，脑袋的正中间还长着与众不同的"第三只眼"。不过，大蜥蜴的身上并不像龙那样长满了鳞片，而是长满了凹凸不平的疙瘩，很粗糙。大蜥蜴多为黑褐色。它的皮肤对光十分敏感，不过并不是生下来就这样的，而是随着年龄的增长改变的，成年的大蜥蜴，皮肤对光的敏感程度就会越来越低，直到彻底消失。大蜥蜴的身体最长可以长到约9.75米，比其他品种的蜥蜴足足长两倍呢。它的上颚和下颚都长有锋利的牙齿，只不过上颚的牙齿有两排，而下颚只有一排，完全被上颚的牙齿给遮挡住了，所以让很多人一直错误地以为大蜥蜴只有上颚有牙齿。大蜥蜴的声带很不发达，并不能发出十分清晰的声音，只有在极其愤怒的情况下，才能发

出一些模糊不清的'嘶嘶'声。大蜥蜴的舌头又尖又长，爪子十分锋利，是捕获猎物的重要工具。大蜥蜴一般以植物种子为食。到了海鸥繁殖的季节，会偷吃海鸥蛋。大蜥蜴很擅长游泳，甚至能一口气在水下待几十分钟，所以也以水中的鱼类为食。当食物吃不完时，它们就会将食物埋藏在沙土或草堆里面。"

"你们快看，一只老鹰从我们头顶上飞过去了。"史小龙昂着头，用手指着天空大声喊。

"那是白头鹰，你们看，它的头部长着白色的羽毛呢。"尤丝小姐耐心地给大家讲解着。

"原来它叫作白头鹰，怪不得跟别的老鹰长得不一样呢。好想跟它做个朋友呀。"看着白头鹰飞远了，秀芬怅然若失地说。

　　"白头鹰也叫美洲雕，是北美洲特有的一种性情十分凶猛的老鹰。白头鹰长得非常漂亮，不过常被人们误认为是秃鹫。除了洁白的头部和颈部，它浑身上下都是漆黑色的，对比十分鲜明。不过，白头鹰的头和颈也不总是白色。白头鹰刚出生时，全身都是褐色的，成年后，头部和颈部的羽毛才会变成白色。白头鹰的身体最长可以长到 1 米左右，翅展最多可达 2 米左右，是一种体型非常庞大的猛禽。不同性别的白头鹰体型也不一样，雌性的翅展长度比雄性大约要长 0.5 米。白头鹰的骨架很轻，重量还不及羽毛的一半，所以飞起来更加轻松，也更加快速。白头鹰的尾部还能够分泌出一种油液，是梳理羽毛用的，可以让羽毛保持良好的状态，有助于飞行。

　　"视力对于白头鹰来说十分重要，它的视力大概是人类的三倍，看事物更加清晰。只有敏锐的视力才能帮助它们迅速地捕获到猎物，

它的眼睛非常大，几乎占了大半张脸。当它们从高空俯视大地的时候，能清楚地看见躲藏在茂密丛林里面的猎物。当然，白头鹰的大眼睛也需要很好的保护，所以在眼睛周围长了一种特殊的眼睑，能够让眼睛长时间保持湿润，从而保护眼睛不受外界的刺激。当白头鹰从高空快速俯身飞向地面时，它眼睛上方高高的眉骨，能够保护眼睛不被周围的树枝扎到，甚至在风沙天气里飞行的时候可以抵挡空气中的风沙。"

"啊，蛇！"秀芬看到一条蛇蹿进了旁边的树丛，吓得大叫起来。史小龙在一旁笑着说："你的胆子真是太小了，我才不怕它。"

"小龙，你头上有只蜘蛛。"秀芬突然大声喊。

"啊。快，快给我拿下来。"史小龙的脸色顿时变得苍白，被吓

得站在原地一动也不敢动，嘴里还大声地叫唤着。其他人彼此间交换了一下眼色，就哈哈大笑起来。

"好啊，你竟敢骗我。秀芬，看我不好好地教训你。"

史小龙装作非常气愤的样子追着秀芬，而秀芬笑着躲到了尤丝小姐的身后。

等大家都停止了打闹，卡尔大叔才继续说："如果运气好的话，秀芬刚刚看到的可能正是濒临灭绝的玫瑰色响尾蛇。要是招惹了它，那可了不得。大家一定要注意安全，不要被毒蛇咬到。"

“卡尔大叔，大峡谷的气候肯定特别适合那些珍贵的野生动植物的生存，对吗？”帅帅手里一直没有放下那本书，他一边查阅资料一边问。

　　“确实是这样的，帅帅，你是不是想让我给你们再介绍一下这里的气候啊？”卡尔大叔摸着嘴上的胡子，笑着问。

　　帅帅不好意思地笑了笑，然后说：“您太厉害了，连我心里想什么都猜得到。嘿嘿，其实我就是这个意思。”

　　“美国大峡谷主要属于温带大陆性气候，所以我先给你们介绍一下温带大陆性气候的相关知识吧。温带大陆性气候主要分布在南北半球的中纬度地区，例如，亚欧大陆和北美大陆的部分地区就都属于温带大陆性气候。这些地区都处于内陆的深处，离海洋较远，就算离海边较近，也被高山阻挡

着，所以海洋周围的温湿气团很难到达这些地区，从而导致这些地区干燥少雨的气候。在温带大陆性气候区，年温差和月温差都特别大，而且，离内陆的中心地带越近，这种差异也表现得越加明显，也就是说，越靠近内陆中心的地方，气候就越干旱。在温带大陆性气候区，地表覆盖的植被也不是千篇一律的，而是从南向北，渐渐由森林过渡到草原和荒漠。"

"我在书上看过，温带大陆性气候总的特征就是：冬天冷，夏天热，四季分明。年降水量很少，而且只集中在一年中的几个月。"帅帅插了一句进来。

"是的。"卡尔大叔继续说，"美国大峡谷是典型的温带大陆性气候。这里的海拔高 609.6 米到 2438.4 米，不同海拔地区的气候也是截然不同的。就连同一个地方，在同一天不同时间段的气候也是不一样的，真可谓是变幻莫测。有人说，正是如此变化多端的气候造就了大峡谷迥异的风格和魅力，才吸引了众多的游客和学者不远万里地赶来考察游玩。"

"是啊，这里的天气真让人捉摸不透。早上风吹得很凉，可刚到中午，马上就热得好像整个人都要蒸发掉了似的，晚上又变得很冷，真是奇怪极了。"史小龙边走边抱怨着多变的天气，庆幸自己早就在包里多准备了几件衣服来应对这里的气候。

"小龙，你知道为什么大峡谷的气温会这样多变吗？"尤丝小姐听到史小龙的抱怨后问。

"大概是天上的神仙在作怪，才会形成这么多不同的气温吧。"史小龙不假思索地回答。

秀芬看了漫不经心的史小龙一眼，说："小龙，你又在胡言乱语了。

其实，这里的气温跟科罗拉多河有很大的关系。白天，受到太阳光的照射，除了大地的温度会升高，河水也会升温。太阳光中的热量又会加速河水的蒸发，使空气变得更干燥，气温更高……"

还没等秀芬说完，史小龙就抢着说："哦，我知道了。晚上，因为没有了太阳光的照射，地表的温度就降低了，科罗拉多河的河水也降温了，水分蒸发也慢了，所以温度就降了下来。再加上大峡谷的风大，又将河水的湿气全都吹上了岸，所以气温就更低了。是不是这样，尤丝小姐？"

"嗯，你说得很有道理，不过归根结底，形成这种气候的根本原因还是这里的温带大陆性气候。"尤丝小姐一语道破天机，说出了影响大峡谷气温最根本的原因。

"美国大峡谷的温度变化的确非常明显，实际上，这里一年四季气候差异十分显著。"卡尔大叔又说。

"我们都知道，春天是冬天的结束，也是万物复苏的好季节。在美国大峡谷，春天也是一年中最美好的时光。气温开始回升，各种动物也开始从冬眠中苏醒过来，植物开始抽枝发芽。细细的微风吹着，风速大约为每秒钟18米，到了5月和6月，空气就开始变得干燥，高温也慢慢地走近了。

"夏天，大峡谷南部的气温普遍较高，就连科岁拉多河的河水也会随之变热。大峡谷的北部由于海拔高的缘故，气温相对会低一些，不过差别并不是很大。7月至9月是暴雨最多的月份，也是最容易暴发山洪的季节。另外，伴随暴雨而来的大风也可能带来龙卷风灾难。所以每年的这几个月，人们总是需要加以特别防范。据统计，雷电交加的天气通常都发生在上午的 11 点到下午的 6 点之间，规律性比较强，每年都是如此。

"秋天的天气最是清爽宜人，也是人体感觉最为舒适的。不过，一到秋季，这里的气温就会急剧下降，有时甚至会低到连科罗拉多河的边缘都出现结冰现象。通常到了 9 月中旬，这里的降雨就少了，空气也开始干燥起来。

"冬季的大峡谷也很美丽，这里经常下雪，即使在阳光的照射下，冰雪也不会彻底融化，整个大峡谷被冰雪覆盖着，显得纯洁动人。"

"看来，大峡谷还真是四季分明呢。不同季节有不同的魅力，真希望每个季节都能来这里游玩一番，体味不同的美景。"秀芬又开始向往起来。

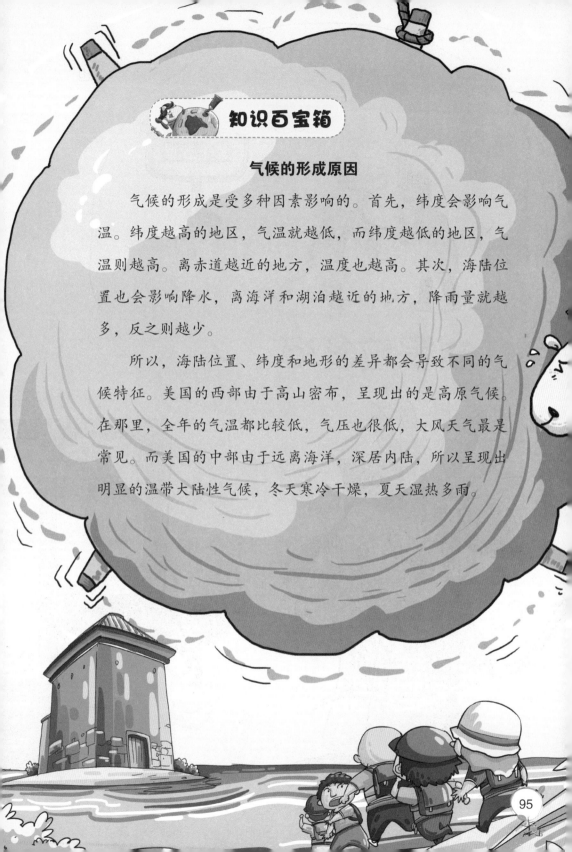

知识百宝箱

气候的形成原因

气候的形成是受多种因素影响的。首先，纬度会影响气温。纬度越高的地区，气温就越低，而纬度越低的地区，气温则越高。离赤道越近的地方，温度也越高。其次，海陆位置也会影响降水，离海洋和湖泊越近的地方，降雨量就越多，反之则越少。

所以，海陆位置、纬度和地形的差异都会导致不同的气候特征。美国的西部由于高山密布，呈现出的是高原气候。在那里，全年的气温都比较低，气压也很低，大风天气最是常见。而美国的中部由于远离海洋，深居内陆，所以呈现出明显的温带大陆性气候，冬天寒冷干燥，夏天湿热多雨。

卡尔大叔和尤丝小姐带着孩子们坐着游船顺流而下，沿途欣赏科罗拉多河两岸的美景。几个孩子都有着强烈的好奇心，所以一路上总是叽叽喳喳地问个不停。

　　大峡谷美不胜收的风景让一行人惊叹不已。"这一切都是科罗拉多河常年冲刷而成的。河水的巨大冲力将一座座山劈开，才有了大峡谷的问世，"卡尔大叔感叹着说，"真是鬼斧神工啊！同这一地区其他19个峡谷相比，美国大峡谷带给人们的震撼最多，因此理所应当地被评为了'峡谷之王'。"

　　"你们快看，这条河里的水变成暗褐色的了，颜色比我们之前在上面看到的要深很多呢。"帅帅跑到最前面，指着河水说。

　　"那是因为在这里，河水中泥沙的含量比我们之前看的地方更

多。"尤丝小姐解释着说。

"我终于亲眼看到红色的河水了，真是太神奇了。卡尔大叔，您快告诉我们，科罗拉多河是从哪里起源的，又要流到哪里去呢？"秀芬问。

"这条河发源于落基山脉的西部，那里是美洲大陆的分水岭。具体源头就位于科罗拉多州的落基山国家公园。你们猜猜，在那里，人们管科罗拉多河叫什么？"卡尔大叔出了个小问题。

"既然河水是红色的，人们肯定管它叫红河啦！卡尔大叔，你这问题也太小瞧我们了吧。"史小龙不以为然地说。

"这次你就猜错了，人们不但不叫它'红河'，反而叫它'绿河'。"卡尔大叔笑着说完，从几个孩子的脸上看到了预料之中的吃惊表情。

"当地人之所以叫它'绿河'，是因为在那一段，科罗拉多河的

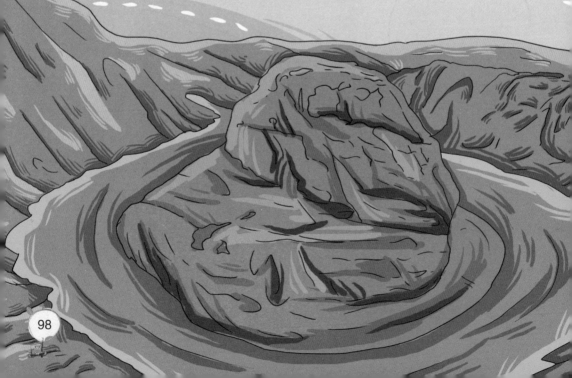

河水中还没有裹挟进泥沙，河水还是清澈碧绿的。不过，绿河的流量并不大，它从怀俄明州一直流淌进科罗拉多州，又在落基山国家公园分流。我们说的'红河'就是经过了很多险峻峡谷，又流经过火焰峡谷水库后的一个支流。

"西部的峡谷区既是科罗拉多河同绿河交界的地方，也是世界上最壮观的河谷之一。那里长期有着不一样的气候，所以风化侵蚀产生的效果也不一样，因此地貌十分奇特，深受游客喜爱。"

见几个孩子都听得十分认真，卡尔大叔十分满意的继续说："而且，科罗拉多河进入大理石峡谷之后才变得迅猛起来，在这之前，它的水流还是蛮温顺的，这是由帕里亚高原的巨大落差导致的。进入大理石峡谷后，科罗拉多河流经的区域大都特别险峻崎岖。帕里亚高原三面环

山，北部较高，南部较低，东部和北部的山脉构成了天然的大陆分水岭，西部是落基山脉。科罗拉多河上游流经的区域，海拔普遍高于4270米，地势很高，常年积雪也会产生大量的冰融水。而中游流经的科罗拉多高原绝大部分地区都很干旱，因此河水在这里没有增多，还形成了很多峡谷地带。上中游的河段占科罗拉多河全长的三分之二多，共有1600千米左右。到了下游，地势非但不再高峻，反而普遍比较低洼，多为沙漠、盆地，只有少数山脉。"

卡尔大叔不愧为"资料库"，竟然懂得这么多的知识，几个小孩子心服口服。

"尤丝小姐，我在想，既然科罗拉多河流经了这么多地方，应该也会给周边地区带去了不少好处吧？卡尔大叔刚给我们讲了这么多关于科罗拉多河水系的知识，一定累了，咱们让他歇一会儿，不如你来

给我们讲讲科罗拉多河周边的开发情况吧。"秀芬笑着央求尤丝小姐。

"好啊，正好最近我也在学习这方面的知识，我就给你们简单地介绍一下吧。"尤丝小姐笑眯眯地看着秀芬说。

"和我们想象的一样，美国政府对科罗拉多河的开发工作也十分重视。这条河是美国政府综合利用水资源的第一条河，也是他们对水资源开发得最充分的一条河。科罗拉多河是美国西部地区当之无愧的生命之河。科罗拉多河流域的，西南部地区人烟稀少，流经的峡谷又有高有低，所以谷深水急，特别适合开发水电资源。鉴于那里的地势最适合修建高坝及大型的水电站，人们已经在那里建好了一系列水利工程。科罗拉多河的干流上共分布着 11 座水库，支流上的水库更多，有 95 座。此外，美国人还计划在干流和支流上再建起 5 座大型的水电站。这些水电站充分利用了科罗拉多河的水能资源，创造了巨大的财富。

　　"科罗拉多河还极大地支撑了美国西部城市的发展，城市的经济、灌溉和发电都离不开科罗拉多河的贡献。但是，过度的开发利用也造成了河流径流的不断减少。大部分地表水被用于农业进行反复灌溉，使得土壤中大量的盐进入科罗拉多河。这样的结局就是河水的含盐量不断增加，而被河水浇灌的土地则更加盐碱化。

　　"科罗拉多河水质恶化的影响甚至蔓延到了墨西哥，因为墨西哥正处于科罗拉多河的最下游。河水中不断增加的含盐量使墨西哥的农作物大量枯死，上游修建的水库更导致了墨西哥境内流域水量的减少。

　　"为了更加科学合理地开发利用科罗拉多河的水资源，现在，美国正致力于研究节水灌溉技术和城市工业节水技术，也在逐步加强对科罗拉多河各项利用工程的建设与管理，试图缓解科罗拉多河开发过程中出现的各种矛盾。"

知识百宝箱

河流的文化

河流不仅仅赋予了生物生命，还孕育出了多种人类文化，例如大河文明。

大河文明也叫作古代亚非文明。古时候，在北非和亚洲的大河流域附近，土地非常肥沃，水源也十分丰富，人们便修建蓄水池，还挖掘沟渠引水灌溉。这样的自然环境为农业社会创造了很好的条件。古代的居民在那里生活劳作，繁衍生息，生活得十分幸福。所以说，大河流域绝对称得上人类农耕文明的发源地。

落基山脉

第十六章

"卡尔大叔，我们要去的下一站是哪里啊？"史小龙迫切地问。

卡尔大叔用手摸了摸自己光秃秃的脑袋，笑着说："我们刚参观了科罗拉多河，也了解了它的起源。要知道，那里的景色也是非常秀美的，难道你们不想去看看？"

"落基山脉，太好了，我们要去落基山脉了。"史小龙高兴地喊。

"没错，就是那里，我们现在就出发吧。"尤丝小姐也高兴地说。

卡尔大叔告诉孩子们，落基山脉是由许多小山脉组成的，整条山脉特别长，几乎横贯整个美国，并且延伸到了加拿大。除了圣劳伦斯河，美国境内所有的河基本上都源自落基山脉。落基山脉有着丰富多样的植被，矿产资源也十分丰富，简直就是一座大宝库。

"其实，人们也管落基山脉叫'洛矶山脉'，这是来源于印第安部落的一个名字。当年，英国殖民者来到这里，发现住在这里的印第安部落就叫作'石头'，而整座山又没有什么植被生长在上面，看上

去光秃秃的，于是索性就将这座山命名为'Rocky'，中文翻译过来就成了'落基山脉'。"卡尔大叔慢吞吞地说。

"你们快看，那几棵树是不是就是我们在大峡谷看到过的白杨和黄杉啊？真没想到，落基山脉也长有这种树。"秀芬的眼睛最尖，一眼就认出了山上的几棵树。

"呵呵，那确实是白杨和黄杉。看来这里的气候条件也适合这种植物的生长。这说明，落基山脉和大峡谷的气候一定存在着一些共同点。"尤丝小姐笑着说。

"大峡谷只有科罗拉多河一个水源，而落基山脉除了科罗拉多河以外，还有许多其他的河流作为水源，所以这里的树木都生长得很好。"帅帅思考片刻后，说出了他的想法。

史小龙听到后接着说："怪不得我觉得落基山脉的树林好像更茂密，树木的种类也更多，这跟它周围有这么多的河流肯定是有关系的啊。"

"河流众多确实是一个原因，不过最重要的还是这里的气候。"尤丝小姐接着说，"就让卡尔大叔好好地帮你们了解一下这里吧。"

卡尔大叔点了点头说："你们别看落基山脉这么大，它可不是一次性形成的，而是地表在冰川和河流的侵蚀作用以及地壳的长期运动下，一点点隆起来的。如果没经历那么漫长的岁月，就不会有今天气势磅礴的落基山了。落基山脉的平均海拔大约为 2000 米至 3000 米，最高的地方有 4000 米呢。说它高耸入云，一点儿也不过分。

"落基山脉的气候是多种多样的，从南到北，伴随着纬度的变化，气候带也从亚热带气候一点点过渡到了极地气候。整座山脉的顶端都覆盖着厚厚的积雪，到了每年的 8 月左右，随着气温的升高，南方的积雪可能会融化一些，而北方的积雪则是常年不化的。北方的山顶上还分布着一些永久性的冰川呢。同北方相比，南方的降雨普遍少一些，差距最悬殊时，北方的降雨量比南方多出 2 倍。在这里，夏天不是过分地炎热，多为温暖干燥的气候，可是一到冬天，天气就会变得异常寒冷。

"受海拔高度、纬度及山坡走向的影响，落基山脉的植被分布也呈现出明显的垂直分布特点。在向阳的坡面，植被普遍生长得更好，生长在背阴坡面的植物则又矮又小，看上去就像营养不良一样。这主要是不同的阳光照射决定的。如此广袤的山脉里，动物资源自然也非常丰富。这里生活着珍贵的虹鳟鱼和北极鲄鱼。"

　　"哇，这里还真是地大物博啊。"史小龙不禁发出感叹。

　　"除了丰富的动植物资源，落基山脉中还分布了许多珍贵的矿产资源呢。"尤丝小姐说，"在落基山脉中，铜矿的含量十分丰富，这里开采出来的铜矿石，足以满足全美国对铜的需求。落基山脉的各个盆地还蕴藏了不少石油和天然气，这些都是特别珍贵的资源。除此之外，落基山脉还储藏了许多其他种类的稀有金属和非金属物质，是一个货真价实的大宝库。"尤丝小姐说。

"这里分布了这么多河流，居民用水可是不愁了。"帅帅说。

"你说错了。"卡尔大叔说，"别看落基山脉布满了河流，但这并不意味着居住在山脉附近的居民就有充足的生活用水。除了食用水，工业用水和农业用水也明显不够。而且越是靠近南边，缺水的情况就越严重。因此，当地政府大力兴建水库，目的就是储蓄降雨，希望能解决部分用水问题。虽然情况有所缓解，但这显然不是一劳永逸之计。"

"既然附近有那么多河流，人们为什么不直接饮用河水呢？"史小龙觉得有些疑惑。

"那是因为天然的河水中可能含有一些不明物质，而且，受过度开发利用的影响，许多河里的水都受到了污染，如果没有处理就直接饮用很可能危害人们的身体健康。"尤丝小姐解释说。

"人类必须要更加重视对环境的保护，如果有一天，这样的美景不复存在，那将是多么可悲的一件事啊。"帅帅不由得陷入了沉思。

"孩子们，大峡谷的美丽风景都已经参观完，我们马上就要离开这里了，你们每个人都发表一下对这次旅行的感受吧。"卡尔大叔对几个孩子说。

　　"这里的景色实在是太美了，是我见过的最美的地方。"史小龙摇头晃脑地对大家说。

　　"我很喜欢这里，以后有机会还会再来，希望那时这里的景色还是这么美。"秀芬也笑着对大家说。

　　"可惜呀，正因为这里的景色太美丽，前来的游人如织，对环境的破坏实在是不小。唉，这么美丽的景色是大自然最伟大的杰作，真不想看到它毁于人类之手。"帅帅最后一个说出了自己的想法。

　　"帅帅说得没错，这也正是我想要说的。"卡尔大叔面色沉重地说，"大峡谷的美丽景色吸引全世界众多游客来这里游览，虽然推动

了当地旅游业的发展，却也引发了许多问题。未来大峡谷主要会面临两方面的问题，这只是其中一个，另外一个则是其自身的问题。"

"自身问题？什么意思呀？"秀芬不解地问。

"你们忘了？大峡谷的上游和下游都建有水坝，上游的格兰峡谷水坝蓄水形成了鲍威尔湖，下游的胡佛水坝蓄水形成了米德湖，这些人工湖都为荒漠中的拉斯维加斯提供水源，方便了人们的生活。但是，水坝对科罗拉多河水流的拦截，实际上严重地影响了水流的正常流动。

另外，大峡谷中有不少地形都是在洪水的冲击侵蚀下形成的。人为建坝的行为不仅在很大程度上限制了这个地方鱼类及其他生物的活动，更为严重的后果是什么，你们想过没有？建成的水坝几乎将所有的洪水都拦截在外，河水的流量因此大大减少了。流量小，水流自然变缓慢，地形只能被迫跟着改变。这也会对大峡谷的生态环境产生很

大的影响。没有了流速迅猛、流量又大的洪水，沙滩所需要的大量泥沙也就没了来源，现在，大峡谷底部的沙滩正在逐渐地消失。最近几年，科学家一直在格兰峡谷水坝做实验，想要适当地排出一些洪水，希望能帮助大峡谷恢复原来的地貌。"尤丝小姐说。

"没错，除了尤丝小姐说的那些，空气污染也是大峡谷现在面临的一个十分严重的问题。近年来，大峡谷周边城市的发展都比较迅速，城市人口快速增长，人类的生产活动及生活所产生的废气也越来越多。空气污染直接影响了大峡谷的景观。峡谷的视野非常开阔，峡谷两岸也有一定距离，伴随着空气污染的日益严重，原本清晰可见的峡谷对岸，现在就像被蒙上了一层雾，怎么努力也看不到那么真切了。而且，这个问题并没有你们想象中那么好解决，因为负责保护这些遗

产的国家公园管理局并没有权利去处置各大城市空气污染的排放量，各大城市也不愿放弃自身的发展而对世界遗产的空气质量负责，所以大峡谷的空气污染问题只能是听天由命了。"卡尔大叔痛心地说。

"嗯。"帅帅点点头，说，"我的这本书上也有这方面的介绍。大峡谷的生态系统也出现了问题，自从人们开始开发大峡谷，这里的物理环境就发生了天翻地覆的变化。除了水流问题和空气污染问题，许多原本不属于大峡谷的生物也被带到了这里。这些外来生物与当地原有的生物展开了激烈的生存竞争，对大峡谷生态系统的平衡造成了很大的破坏。"

"垃圾泛滥也是大峡谷开发中产生的一个重要问题。这里每年都要接待几百万游客，可是，并不是所有游客都有较高的素质和自觉性，很多游客的头脑里并没有保护环境的概念，总是一路上到处乱丢食物的包装袋和饮料瓶。事实上，这样会导致很严重的后果。人们为了自己的方便就随手将垃圾留下，却不知道，这些垃圾的打扫和处理

115

工作有多难。想想看，要是有一天，大峡谷真的遍地都是垃圾，那跟垃圾场又有什么区别呢？这么美丽的地方毁在垃圾上，真是暴殄天物啊。"想着一路上的所见，史小龙很是气愤。

"唉！原来大峡谷表面的繁华下掩盖了这么多问题，我光顾着赏景了，还真没想那么多呢。"秀芬若有所思地说，"也或许是这里的环境实在太美了，所以人们就忘记去考虑存在的问题了。"

尤丝小姐拍了拍秀芬的肩膀，说："对啊！就是因为这里太美了，所以我们更应该珍惜这里的环境，更要加倍地保护、爱护它，不要去破坏它、让它的美好一天天地衰退。爱护环境是很重要的，希望你们要牢记这一点。"

"我可是环保达人，平常出门都是乘坐公交车或骑自行车，这样可以减少汽车尾气的排放量。"史小龙抢着说道。

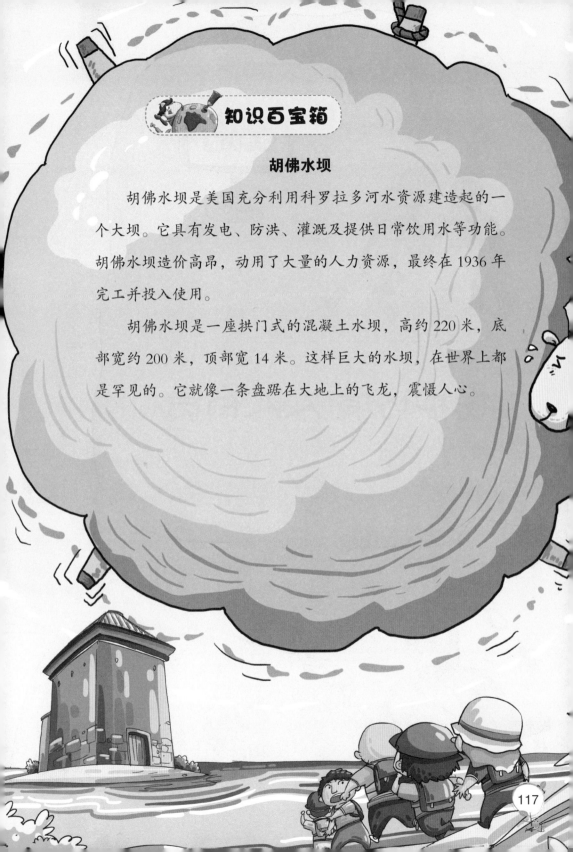

知识百宝箱

胡佛水坝

胡佛水坝是美国充分利用科罗拉多河水资源建造起的一个大坝。它具有发电、防洪、灌溉及提供日常饮用水等功能。胡佛水坝造价高昂，动用了大量的人力资源，最终在1936年完工并投入使用。

胡佛水坝是一座拱门式的混凝土水坝，高约220米，底部宽约200米，顶部宽14米。这样巨大的水坝，在世界上都是罕见的。它就像一条盘踞在大地上的飞龙，震慑人心。

第十八章

保护环境 人人有责

随着自然环境不断被破坏，南北两极的冰山开始融化，全球气温上升，大气中出现臭氧层空洞等问题逐渐地暴露了出来。

通过这一次大峡谷之旅，几个孩子充分领略了美国大峡谷独特的魅力，意识到了大峡谷所面临的问题。"这里的人们真的应该立法或颁布一些条令，来保护大峡谷免受伤害。"秀芬说。

"美国人已经意识到这个问题了。现在，大峡谷公园内设立了自助取水点，供人们饮用，瓶装水已经不允许贩卖了。大峡谷公园每年接待近450万名游客，据公园的管理部门估计，瓶装水空瓶造成的垃圾约占公园垃圾总量的20%，这个数字足以说明这些塑料瓶对大峡谷造成的污染有多严重了。美国的相关部门在2012年1月宣布，在未来的20年里，美国不会再在大峡谷周围的土地上挖掘新的铀矿了。这条措施的颁布既证明了美国人制止空气污染继续蔓延的决心，也能够保护大峡谷内生活着的印第安人部落。要知道，以科罗拉多河河水为饮用水的居民多达数百万，暂停开采铀矿绝对是个正确的选择，是保障居民用水安全的有效途径。我们该怎样保护环境呢？"卡尔大叔摸了摸自己的胡子说。

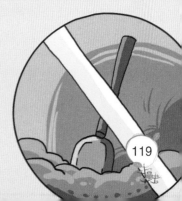

"首先，我们要从生活中的一点一滴做起。比方说，在不用水的时候，我们应该将水龙头随手关掉，不能总是开着，让干净的水都白白流进下水道。我们还可以'一水多用'，例如用洗完脸的水洗脚，用养鱼的水浇花，用淘米水拖地。嗯，让我再想想……对了，还有，煮饭时可以加温水，这样既可以让饭更快变熟，也节省了天然气的使用，又能减少二氧化碳的排放量。还有，如果不是遇上紧急的事，就没有必要开车，可以乘公交或是像小龙一样骑自行车，这样就能减少汽车尾气的排放量。还有……洗衣服时要用无磷的洗衣粉，这样洗完衣服的废水中的有害物质就会大大减少，避免污染河流。"帅帅一口气说了一大串环保小技巧。

"我也来补充几条。我们使用电池时应该尽量购买可以充电的那种，因为废电池会对水造成很严重的污染，所以减少废电池的数量有利于保护水源的清洁。还有，去买菜的时候应该自己准备菜篮，减少一次性塑料袋的使用。去饭店吃饭时，要尽量少用一次性餐具，更要拒绝食用野生动物，也不要购买野生动物毛皮制成的衣服，就像公益广告说的，'没有买卖，就没有杀害。'"秀芬跟着说。

"学生在使用纸张时，浪费现象十分严重。造纸的原料主要源于植物，如果植物被过量砍伐，势必对生态平衡造成极大的破坏。我们应该充分利用每一张纸，不要总是留下大片的空白就丢弃，这样就可以减少纸张的浪费。可以将旧练习本中未用完的纸张挑出来，装订在一起当草稿本；也可以把用过的草稿纸、旧作业本、试卷等收集在一起，送到造纸厂重新加工，变废为宝；还有，在收到礼物时，不要急着把精美的包装纸随便扔掉，可以制成精美的工艺品，这样既美化了我们的生活。也节约了用纸。总之，每个人多做一件小事，积累起来，就会大大减少木材的砍伐量，为地球多保留一片盎然的绿意。"帅帅也提出了自己的看法。

"其实，我们只要注意生活中的一些小细节，就可以达到节电、节水、节能的目的了。这些其实都是有小窍门的。"尤丝小姐补充着。

"我们不要总是一进房间就打开电灯和空调，出门时又总是忘记关。要记得，如果离开了房间或是光线充足，就完全没必要开灯、开空调。另外，在一个房间内，如果一盏灯足以提供光源，就不要同时开两盏。

　　"节水也有许多小窍门。如果要洗的衣物比较少，就不要将洗衣机的水位定得过高；洗澡时没必要一直将喷头的水开着；厕所的水箱如果很大，就可以在里面放上一块砖头或是一个装满了水的大可乐瓶，这样可以大大减少每次的冲水量。"

　　"使用天然气做饭时，火的大小要根据锅的大小来调整，锅小火大就会白白消耗燃气；另外，厨房要保持良好的通风性，缺少充足的氧气，就会浪费燃气。还要记得随时调节火门，这样不仅能保证菜的味道，还能节省掉大约四分之一的燃气消耗。"